建筑工程施工管理
与道路桥梁建设

刘学强　田　胜　张志文　主编

哈尔滨出版社

HARBIN PUBLISHING HOUSE

图书在版编目（CIP）数据

建筑工程施工管理与道路桥梁建设／刘学强，田胜，
张志文主编. -- 哈尔滨：哈尔滨出版社，2025. 1.
ISBN 978-7-5484-8188-1

Ⅰ. TU71；U415；U445

中国国家版本馆 CIP 数据核字第 2024EW5409 号

书　　名：**建筑工程施工管理与道路桥梁建设**
JIANZHU GONGCHENG SHIGONG GUANLI YU DAOLU QIAOLIANG JIANSHE

作　　者：刘学强　田　胜　张志文　主编
责任编辑：王嘉欣

出版发行：哈尔滨出版社（Harbin Publishing House）
社　　址：哈尔滨市香坊区泰山路 82-9 号　邮编：150090
经　　销：全国新华书店
印　　刷：北京鑫益晖印刷有限公司
网　　址：www. hrbcbs. com
E - mail：hrbcbs@ yeah. net
编辑版权热线：（0451）87900271　87900272
销售热线：（0451）87900202　87900203

开　　本：880mm×1230mm　1/32　印张：4.875　字数：110 千字
版　　次：2025 年 1 月第 1 版
印　　次：2025 年 1 月第 1 次印刷
书　　号：ISBN 978-7-5484-8188-1
定　　价：58.00 元

凡购本社图书发现印装错误，请与本社印制部联系调换。
服务热线：（0451）87900279

编 委 会

主　　编：刘学强　福州市规划设计研究院集团有限公司
　　　　　田　胜　潍坊市市政工程股份有限公司
　　　　　张志文　山西路桥第八工程有限公司
副主编：魏成利　四川益生建设有限公司

前　　言

　　建筑工程施工管理涵盖质量控制、成本管控、进度把握、安全管理等多方面内容。在道路桥梁建设中,施工管理的严谨性和专业性显得尤为重要。从工程规划初期到施工完成,每一步都需要精确控制,确保工程质量与安全。在道路桥梁的施工管理过程中,质量控制是核心。工程材料的选择必须符合国家或行业标准,严禁使用劣质材料。同时,施工过程中的每一个环节,如混凝土浇筑、钢筋加工、模板安装等,都必须有专人进行严格监督,确保每一道工序都符合设计要求。此外,对于桥梁的负载能力、稳定性等关键指标,更应进行多次测试与验证,保证桥梁在使用中的安全。成本管控也是施工管理的重要一环。在道路桥梁建设中,成本控制直接影响到项目的经济效益。因此,从材料采购到人工费用,再到机械设备的使用费用,都需要进行精细的预算和管理。有效的成本控制不仅能节约资金,还能提高项目的整体效益。进度管理是确保工程按时完成的关键。在道路桥梁建设中,工程进度受到多种因素的影响,如天气、材料供应、施工人员数量等。因此,施工管理人员需要根据实际情况灵活调整施工计划,确保工程能按照预定的时间节点顺利进行。当然,安全管理在任何工程项目中都是至关重要的。在道路桥梁施工中,应严格遵守安全生产规定,定期对施工人员进行安全教育和培训,确保每一位施工人员都能熟练掌握安全操作规程。同时,施工现场应设置明显的安全警示标志,并配备相应的安全设施,以防止意外事故的发生。除了上述几个方面,道路桥梁的施工管理还涉及环境保护、文明施工等多个方面。在施工过程中,应尽量减少对周边环境的影响,如控制噪声、减少扬尘等。同时,施工人员应保持良好的工作态度和行为规范,做到文明施工。

本书共分为五个章节,涵盖了建筑工程施工管理的核心理念、道路桥梁施工技术、施工组织与管理、BIM 技术的应用,以及智能化与自动化技术在施工中的最新发展。第一章对建筑工程施工管理进行概述,明确定义、目标及核心内容与任务。第二章、第三章深入探讨道路和桥梁工程施工技术及具体细节,包括施工进度管理、资源调配及施工过程中的安全与环保措施。第四章详细介绍了 BIM 技术在道路桥梁设计与施工中的优势,并探讨了 BIM 技术与传统施工管理方法的融合与创新。第五章则聚焦于智能化与自动化技术在施工中的发展,包括自动化施工机械与设备的应用,智能化监控与检测系统的实践,以及这些技术对施工安全管理的积极影响。

本书为读者提供建筑工程施工与道路桥梁建设的专业知识,深入剖析新兴技术如何改变和推进该领域的发展,为建筑工程和道路桥梁施工管理人员提供专业的指导和参考。

目　　录

第一章　建筑工程施工管理概述

第一节　建筑工程施工管理的定义与目标

一、建筑工程施工管理的重要性

（一）确保施工的质量

施工管理的首要任务是确保施工质量，这是建筑工程的核心要求。为了实现这一目标，必须制定并执行严格的质量管理制度。这一制度要涵盖建筑材料、施工工艺及施工过程的每一个环节，确保从头到尾的每一步都符合既定的质量标准。对建筑材料的全面把控是保障施工质量的基础。材料的质量直接影响到建筑的整体性能和安全性。因此，从材料的采购、运输到储存和使用，都需要进行严格的检验和监督，确保材料符合规范要求，无瑕疵、无隐患。施工工艺的选择也是至关重要的。先进的施工工艺不仅可以提高效率，还能更好地保证施工质量。因此，施工前需要对各种工艺进行深入研究和比较，选择最适合本项目的工艺方法。施工过程中，质量控制更是不能松懈。每一个施工环节，都需要有专人负责质量监督，确保每一步都按照既定的施工计划和质量标准进行。对于施工中出现的问题，要及时发现、及时整改，绝不允许任何质量隐患的存在。

（二）提升施工的效率

科学有效的施工管理在建筑工程中起着举足轻重的作用。它能够合理规划施工进度，通过详细且周全的计划安排，使工程的每一步都有条不紊地进行。这种管理方式不仅可以预测和应对可能出现的问题，还可以根据实际情况做出及时的调整，确保施工顺利进行。同时，施工管理在优化资源配置方面也发挥着关键作用。合理的资源分配可以确保人力、物力、财力等各方面的资源得到最高效的利用，从而避免资源的浪费。这种精细化管理不仅有助于提升工程的整体质量，还能在保障工程质量的前提下，有效地控制成本。此外，精确的时间管理和人员调配也是施工管理中的关键环节。科学的时间规划可以确保施工各个环节的紧密衔接，减少时间延误造成的成本增加。而合理的人员调配则能够确保每个岗位都有合适的人员配备，从而提升工作效率，进一步缩短工期。

（三）降低安全风险

建筑施工现场是一个复杂多变的工作环境，其中隐藏着诸多安全隐患，如高空坠落、物体打击和触电等风险，这些都可能对施工人员的生命安全构成严重威胁。为了有效应对这些隐患，加强施工管理显得尤为重要。加强施工管理，可以系统地建立健全的安全管理制度。这些制度不仅规范了施工现场的各项操作，还为施工人员提供了明确的安全指导。安全管理制度的建立，使每一个工作环节都有明确的安全标准和操作流程，从而大大降低了操作不当引发的安全风险。同时，施工管理还强调对施工人员的安全教育和培训。通过定期的安全知识讲座、模拟演练等形式，施工人员可以更加直观地了解施工现场可能遇到的安全问题，并学会如何在紧急情况下采取正确的应对措施。这种安全意识的提升，使施工人员在面对潜在的安全隐患时能够迅速做出判断和应对，有效避免事故的发生。此外，施工管理还包括定期的安全检查和隐患排查。对施工现场进行全面检查，可以及时发现并排除那些可能被忽视的安全隐患，确保施工环境的安全稳定。

（四）促进团队协作

施工管理在建筑工程中扮演着至关重要的角色，特别是在协调各个部门和工种之间的合作关系方面。在大型的建筑项目中，不同的部门和工种需要紧密配合，以确保工程顺利进行。施工管理通过明确各部门的职责和分工，使每个部门都能明确自己的工作内容和目标，从而避免了工作重叠或遗漏的情况。这种管理方式极大地促进了团队之间的沟通与协作。各部门和工种之间可以更加高效地交换信息，及时共享施工进度和资源使用情况，确保每一个环节都与整体计划相吻合。这种高效的沟通与协作，会大大提高工作效率，使施工过程更加流畅。除此之外，施工管理还具备及时发现并解决团队之间矛盾和问题的能力。在复杂的施工环境中，难免会出现各种预料之外的情况。施工管理不仅能够快速识别这些问题，还能及时组织相关部门进行协商和解决，确保施工不受影响。这种及时的问题解决机制，会极大增强团队的凝聚力和战斗力，使整个团队在面对挑战时更加团结和坚定。

（五）提升企业形象

一个规范、高效的施工管理团队是企业宝贵的资产，施工人员的专业素养和综合能力不仅关乎项目的顺利进行，更在无形中为企业塑造了良好的形象。严格遵守施工规范是这一团队的基本素养。施工人员深知每一个细节的重要性,从施工前的准备到施工过程中的每一步操作,都严格按照既定规范执行,确保每一个环节都符合行业标准。在确保施工质量方面,更是精益求精。施工人员深知质量是企业的生命线,因此从材料选择到施工工艺,都力求做到最好。这种对质量的极致追求,不仅让项目成果经得起时间的考验,更在客户中建立了良好的口碑。安全同样是施工管理团队不可忽视的一环。施工人员通过严格的安全管理制度和培训,确保每一个施工人员都能在安全的环境下工作,这种对人员安全的重视,进一步体现了企业的责任心和人文关怀。提高施工效率则是团队持续追求的目标。通过合理的进度安排和资源调配,团队能够在保证质量和安全的前提下,高效地完成施工任务。这种高效的工作模式,无疑向客户展示了企业的专业水平和实力。

二、建筑工程施工管理的定义

(一)建筑工程施工管理的概念

建筑工程施工管理,简称建筑施工管理,是指在建筑项目从施工准备到竣工验收及回访保修的全过程中,进行全面、科学、合理的组织和管理。这一过程涉及项目的各个方面,旨在保证施工质量、进度和安全,确保建筑项目的顺利完成。施工管理不仅关乎项目的投资目标、进度目标和质量目标的实现,还涉及人员管理、施工进度控制、质量控制、安全保障及设备管理等关键环节。在建筑施工管理中,人员管理涉及劳动力的合理配置、培训和监督;施工进度控制要求制订详细的工期计划并监控执行情况,确保施工进度的合理安排;质量控制则通过制定明确的施工质量要求,并进行检验和验收,以保证工程质量符合设计要求和相关标准;安全保障是施工管理的重点之一,需要采取相应的措施保障施工人员的安全,减少事故发生的概率。同时,设备管理也是施工管理不可忽视的一环,包括设备的采购、引进、可操作性考虑等方面。

(二)建筑工程施工管理的核心要素

1. 施工质量的控制

质量控制作为施工管理的核心要素,是确保建筑工程质量的首要任务。这一环节贯穿了整个施工过程,从工程材料的选取到最终工程成品的检测,每一步都至关重要。管理人员承担着巨大的责任,施工人员需要严格把关,确保所使用的每一种材料都符合国家或行业标准,绝不允许劣质材料进入施工现场。在施工过程中,质量控制的要求更是无处不在。管理人员必须对每一道工序进行严密的监督,确保施工操作符合设计要求,每一步都精益求精。无论是混凝土浇筑,还是钢筋的绑扎,抑或是模板的支设,每一项工作都要经过严格的检查,确保质量达标。此外,对工程成品的检测也是质量控制的重要环节。管理人员需要对工程的各项关键指标进行严格的测试,如桥梁的负载能力、建筑物的稳定性等。这些测试不仅是对工程质量的最终检验,更是对管理人员工作成果的考量。

2. 施工进度的管理

进度管理是建筑工程施工中的关键环节,它直接关系到工程能否按时完成。管理人员在此过程中扮演着举足轻重的角色。管理人员需要深入了解工程的特点和实际情况,从而制订出切实可行的详细施工计划。这份计划不仅需要涵盖工程的各个阶段,还需考虑到可能遇到的各种风险和挑战,确保每一个环节都有明确的时间节点和责任人。然而,制订计划仅仅是进度管理的开始。在施工过程中,管理人员还需根据实际情况进行灵活调整。无论是天气变化、材料供应问题,还是人员配备情况,都可能对施工进度产生影响。因此,管理人员需要时刻保持警惕,对施工进度进行实时监控,一旦发现问题,立即采取相应的应对措施。有效的进度管理能够避免工程延误。合理的计划安排和及时的调整,可以确保施工活动有条不紊地进行,从而减少延误产生的额外费用和资源浪费。同时,进度管理还能提高施工效率。当每一个施工环节都能紧密衔接,施工人员的工作效率和整体施工速度自然会得到提升。

3. 施工成本的管理

成本管理在建筑工程施工中占据着举足轻重的地位,它直接关系到工程项目的经济效益。管理人员必须对材料采购、人工费用及机械设备使用费用等各个环节进行精细的预算与控制,以确保资金的合理使用和提高项目的整体效益。在材料采购方面,管理人员需要充分了解市场行情,对比不同供应商的价格与质量,选择性价比最高的材料。同时,施工人员还要根据施工进度和材料消耗情况,制订合理的采购计划,避免材料的浪费和资金的占用。对于人工费用,管理人员需要根据工程的规模和施工队伍的专业水平,合理确定人员数量和工资标准。优化人力资源配置,提高工作效率,从而降低人工成本。在机械设备使用费用方面,管理人员需要根据工程需求选择合适的机械设备,并合理安排设备的使用时间和维护计划。通过提高设备的使用效率,延长设备的使用寿命,从而降低设备使用成本。

三、建筑工程施工管理的目标

（一）进度目标

1. 制订合理的进度计划

制订合理的施工进度计划是建筑工程施工管理的首要任务。这一计划的制订至关重要，它不仅是确保工程按时完成的基础，还是协调各项资源、保障施工质量的关键。施工进度计划必须详细且具体，涵盖从项目开始到结束的所有关键阶段和里程碑。在制订计划时，应充分考虑各种可能的影响因素，如天气变化、材料供应情况和人力资源状况等，以确保计划的实际操作性。施工进度计划的制订需紧密结合项目的实际情况，包括工程规模、施工难度和技术要求等。例如，对于大型复杂工程，计划应更加精细，考虑到更多的细节和潜在风险；而对于小型或常规项目，计划可能相对简洁，但仍需保持其全面性和严谨性。此外，计划的合理性还体现在对时间和资源的合理分配上，以避免资源浪费和效率低下。除了详细和具体，施工进度计划还应具备一定的灵活性。由于建筑工程施工过程中可能遇到各种不可预见的问题和挑战，因此计划需要能够根据实际情况进行及时调整。这种灵活性不仅有助于应对突发事件，还能确保工程在面临变化时仍能保持高效和有序。

2. 确保按计划施工

施工进度计划制订妥善后，紧随其后的关键任务是保障施工活动严格遵循既定计划展开。这一环节的核心在于资源的合理分配与有效利用，涵盖人力、物力及财力等诸多方面。确保每项施工任务都能在预定的时间节点内准时启动并圆满完成，这不仅要求精细化的管理,更需具备前瞻性的规划与调整能力。资源的分配必须精准而高效,人力方面要依据不同施工阶段的需求,合理配置施工队伍,确保专业技能与任务需求相匹配;物力方面,要保障施工材料的及时供应与合理利用,减少浪费并提升使用效率;财力方面,则需确保资金流的稳定,以支持施工活动的持续进行。与此同时,对施工过程的持续监控亦不可忽视。通过实时监控,及时发现潜在的施工延误或质量问题,并迅速采取相应的纠正措施。这种监控不仅是对施工进度的把握,更是对施工质量的保障,它要求管理人员具备敏锐的观察力和快速的反应能力,以便在问题初露端倪时便能有效介入,将风险降至最低。

3. 及时调整和优化进度

在施工过程中,各种预料之外的情况难以避免,如设计变更、材料供应问题、天气变化等不可控因素,这些都可能对既定的施工进度产生直接或间接的影响。因此,进度管理的第三个重要目标便是根据实际情况,灵活且迅速地调整和优化原有的进度计划。这一调整过程并非简单地对原计划进行修补,而是需要综合考虑多种因素,包括但不限于资源的重新分配、施工顺序的科学调整及施工队伍的合理增减等。例如,当面临材料供应不足的问题时,可能需要重新安排材料的采购和分配计划,甚至调整施工的重点和顺序,以确保关键路径上的工作能够不受影响。若遇到天气变化等不可抗力因素,可能需要增加施工队伍或者延长工作时间来弥补其造成的进度延误。所有这些调整措施的目的都是确保项目能够在总体进度要求的框架内顺利进行。实时的监控和适时的调整,可以最大限度地减少突发事件对施工进度的影响,保障工程的连续性和稳定性。这样不仅可以提高施工效率,还能有效控制项目成本,最终实现项目的成功交付。

(二)成本目标

1. 成本预算与控制

成本预算与控制,在建筑工程施工管理的成本目标中占据着举足轻重的地位。在项目启动之前,进行详尽的成本预算工作至关重要,它涵盖了材料费、人工费、机械使用费及管理费等方方面面。这一环节要求管理人员精打细算,对每一项潜在支出进行深入分析和预估,从而得出准确的预算数字,并据此设定科学的成本控制指标。进入施工阶段后,对成本支出的实时监控变得尤为关键。管理人员需要密切关注每一笔费用的实际支出情况,与预算进行对照,及时发现并纠正超支的苗头。这一过程中,数据的实时更新和精准分析是不可或缺的,它们为管理人员提供了决策的依据,确保各项费用始终保持在预算范围内。同时,灵活调整和优化成本结构也是成本控制的重要一环。管理人员需要根据施工过程中的实际情况,不断调整费用分配,以达到降低不必要开支的目的。这既要求管理人员具备丰富的经验和敏锐的市场洞察力,也需要施工人员勇于尝试和创新,寻找更为高效和节约的成本配置方案。

2. 资源优化与利用效率

提高资源优化与利用效率在建筑工程施工管理中占据着举足轻重的地位,它是实现成本目标的关键环节。合理安排施工进度,可以确保各项资源在恰当的时间节点得到高效利用,避免资源的闲置和浪费。同时,优化资源配置也是至关重要的,它要求管理人员根据工程需求和资源特点,进行科学合理的分配,使人力、材料和机械等资源能够发挥最大效用。在提高资源利用效率的过程中,减少资源浪费是必不可少的一环。这要求管理人员对施工过程中的每一个环节进行精细管理,及时发现并解决资源浪费的问题。例如,通过精确计算材料用量、合理安排材料进场时间等方式,可以有效减少材料的损耗和浪费。此外,利用科学的管理手段和技术方法也是提高资源利用效率的重要途径。引入先进的施工管理软件和技术,可以实现对施工过程的实时监控和数据分析,帮助管理人员更加精准地掌握资源利用情况,及时发现并解决问题。这些科学手段的运用,不仅可以降低施工过程中的损耗,还能提高施工效率,从而达到节约成本的目的。

3. 成本分析与考核

成本分析与考核是建筑工程施工管理中成本目标的压轴环节。项目竣工后,一项至关重要的工作便是对实际发生的成本进行深入细致的分析。这需要将实际成本与预算成本进行严格比对,从而精准地识别出成本超支或节约的具体环节与原因。这一过程不仅能够帮助企业总结经验教训,更能为未来的项目提供宝贵的参考。此外,建立并实施成本考核制度也是不可或缺的一环。这一制度旨在对施工过程中的成本控制成果进行客观、公正的评价,并根据评价结果给予相应的奖励或惩罚。这种方式,可以有效地激励管理人员和施工团队更加注重成本控制,不仅在日常工作中时刻绷紧成本这根弦,更能在遇到问题时积极主动地寻求解决方案,从而实现成本管理的持续优化。

(三)环境与健康目标

1. 环境保护与减少污染

在建筑工程施工过程中,积极采取措施保护和改善施工现场及周边环境至关重要。这不仅关系到周边居民的生活质量,也体现了企业的社会责任和环保意识。为实现环境保护的目标,必须从减少施工噪声、粉尘、废水、废气等污染物做起,确保施工活动对环境的负面影响降到最低。合理规划施工时间和方法是保护环境的关键措施之一。优化施工计划,可以减少夜间或高峰时段的施工活动,从而降低噪声对周边居民的影响。同时,选择低噪声的施工方法和设备,也能有效减少噪声污染。使用环保型材料和设备是另一项重要举措。选择符合环保标准的建筑材料,不仅能降低施工过程中有害物质的排放,还能保证建筑的长期使用安全。此外,推广使用节能型施工设备,也能减少能源消耗和废气排放。建立严格的环境监测体系是确保施工环保的有力保障。通过定期监测施工现场及周边环境的空气质量、噪声水平等指标,及时发现环境问题并采取相应的改进措施。这种持续的环境监测不仅有助于保障施工质量,还能提升企业的环保形象和信誉。

2. 健康保障与职业病预防

保障施工人员的身体健康,是施工管理中不可忽视的重要一环。这不仅关乎施工人员的个人福祉,也直接影响着施工效率与工程质量。为实现这一目标,必须提供符合卫生标准的饮食与住宿条件。饮食方面,应确保食材新鲜、卫生,提供均衡营养,以满足施工人员体力劳动的需要。住宿环境则应干燥、通风,床铺舒适,保证施工人员有足够的休息和恢复时间。此外,医疗保障的提供也至关重要。应建立完善的医疗应急机制,确保施工人员在受伤或生病时能够迅速得到救治。同时,施工现场应配备必要的急救设备和药品,以应对突发状况。在职业病的预防方面,同样需要给予高度重视。施工单位应努力改善工作环境,降低粉尘、噪声等有害因素的暴露水平。为施工人员提供必要的劳动保护用品,如防尘口罩、耳塞、安全帽等,以减轻外界因素对施工人员健康的潜在威胁。同时,应实施定期的健康检查制度,及早发现并处理施工人员可能存在的健康问题。

3. 培训与意识提升

增强施工人员的环保意识和健康安全意识对于实现环境与健康目标具有至关重要的作用。施工管理过程中,必须高度重视对施工人员的培训和教育,以提升施工人员对环保和安全规定的认知与遵守。定期为施工人员提供环境保护和健康安全方面的专业培训,可以确保施工人员全面了解施工过程中可能遇到的环境和安全风险,并掌握相应的预防和控制措施。除了专业培训,宣传和教育活动也是增强施工人员环保意识的有效途径。这些活动可以采用多种形式,如环保知识讲座、安全操作演示、环保主题宣传栏等,旨在让施工人员深刻理解环保和健康安全的重要性,并激发施工人员主动参与环保和健康安全管理工作的积极性。实施这些措施,可以逐渐培养施工人员的环保意识和安全文化,使施工人员在日常工作中能够自觉遵守环保和安全规定,主动发现并纠正潜在的环境和安全隐患。这样不仅能有效提升施工现场的环境质量,保障施工人员的身体健康和安全,还能为企业的可持续发展和绿色施工做出积极贡献。因此,增强施工人员的环保意识和健康安全意识是施工管理中不可或缺的重要环节,必须给予足够的重视和关注。

第二节　建筑工程施工管理的核心内容与任务

一、建筑工程施工管理的核心内容

(一)工程计划与目标设定

制订详细且全面的工程计划是建筑工程施工管理的基石。该计划必须清晰明确项目目标,涵盖工期、质量、成本等核心指标,以确保项目的顺利进行和最终成功。在计划制订过程中,对施工过程进行细致分解至关重要,这有助于更好地预测和控制项目的各个阶段。针对工期,计划需设定合理的开始与结束时间,并根据工程量、资源状况和可能遇到的风险因素,科学安排每个施工阶段的时间表。质量方面,要明确各项工程的质量标准和验收流程,确保施工过程和最终成果均符合预期要求。成本控制也是计划中的重要一环,通过预算制定和成本分析,避免资源浪费和不必要的支出。此外,计划还应包括每个阶段的预期目标和成果。这些目标和成果不仅是项目进度的衡量标准,也是调整和优化施工策略的重要依据。设定明确的阶段目标,可以使项目团队更加凝聚,有效推动项目的进展。

(二)进度管理与控制

工程施工的进度安排与控制是项目管理的核心环节。制订合理的施工进度计划是确保工程顺利推进的基础,它要求对项目各个环节进行全面细致的分析,根据工程量、资源配备和施工工艺等因素,科学预测每个阶段的工作时间和资源需求。当出现偏差时,必须迅速分析原因并采取相应的调整措施,如增加资源投入、优化施工流程或调整工作计划等,以确保项目能够按计划进行。此外,进度控制还涉及与项目相关方的沟通与协调,确保各方明确各自的责任和任务,形成合力推动项目前进。通过这样的进度安排与控制,最大限度地减少工期延误和资源浪费,保障项目的质量、成本和交付时间符合既定目标,从而实现工程施工的高效管理。这不仅关系到项目的成败,也直接影响到企业的声誉和市场竞争力,因此在整个施工管理过程中具有举足轻重的地位。

（三）资源优化与配置

资源管理是建筑工程施工管理中不可或缺的一环,它关乎项目的成本、进度和质量。在资源管理中,合理分配和利用人力、物力、财力等资源显得尤为重要。科学的资源配置,可以有效提高资源利用效率,从而达到降低成本、保障施工进度和提升工程质量的目的。同时,要注重人员的培训和技能提升,以提高工作效率和质量。物力资源管理则涉及施工材料和设备的采购、存储和使用。应根据施工进度和实际需求,合理安排材料和设备的采购计划,避免浪费和积压。同时,要加强材料和设备的使用管理,确保其高效、安全运行。财力资源管理则要求项目管理人员精细制定和执行项目预算,合理分配资金,确保项目的经济效益。要实时监控项目成本,及时调整资金计划,以应对可能出现的风险和挑战。

（四）质量管理与控制

质量管理在工程施工中占据着举足轻重的地位,它是确保工程质量不可或缺的环节。为了实施有效的质量管理,必须建立一套完备的质量管理体系。该体系应涵盖从材料采购到工程竣工的全过程,明确各环节的质量控制要求和责任人。同时,制定科学合理的质量控制标准也是至关重要的,这些标准应具体、可量化,以便于评估工程质量的优劣。在施工过程中,应严格执行施工工艺控制,确保每一道工序都符合既定的质量标准,防止施工操作不当而导致的质量问题。此外,验收流程也是保证工程质量的重要手段,通过对工程各阶段的严格检查和测试,及时发现问题并督促整改,从而确保最终交付的工程成果符合预期的质量要求。

(五)沟通、协调与合作

沟通与协调在建筑工程施工管理中占据举足轻重的地位。为确保项目顺利进行,项目管理人员需与业主、设计师、监理单位和施工队伍等各方保持密切且有效的沟通。与业主进行深入交流,可以准确理解业主的需求和期望,从而确保项目成果符合业主要求。与设计师的沟通有助于准确理解设计意图,确保施工过程中的技术难题得到及时解决。与监理单位的协作则能确保工程质量、安全和进度得到有效监控。同时,与施工队伍的紧密沟通能够确保施工指令的准确传达,提高施工效率。在沟通协调过程中,项目管理人员还需注重协调各方利益,平衡不同的需求和期望,以达成共识和合作。建立良好的沟通机制和合作氛围,可以促进各方之间的信任与理解,减少误解和冲突,为项目的顺利进行创造有利条件。

(六)风险管理与应对

风险管理在施工管理中的重要性不言而喻,它是确保项目顺利进行的关键因素。在施工过程中,各类风险无处不在,如技术难题、市场波动、自然灾害等,这些都可能对工程进度、质量和成本造成严重影响。因此,项目团队必须具备高度的风险意识,通过专业的风险评估方法,全面识别各种潜在风险。在识别风险的基础上,制定相应的风险应对策略和预案至关重要。这些策略和预案应涵盖风险避免、风险减轻、风险转移等多个方面,确保在风险事件发生时能够迅速响应,将损失降到最低。例如,针对技术风险,可以提前进行技术攻关和试验,确保施工技术的可行性和安全性;针对市场风险,可以建立灵活的材料采购和成本控制机制,以应对市场价格波动;针对自然风险,可以加强现场安全管理,制定应急预案,以应对突发的自然灾害。

(七)总结与改进

对整个施工过程的总结与反思,是提升施工管理水平的关键环节。在项目完成后,对项目执行过程中的成功与不足进行深入评估,不仅有助于发现项目管理中的优点和问题,更能为未来的项目提供宝贵的经验和教训。在总结中,应全面审视项目的工期、质量、成本等关键指标的实现情况。对于成功实现的指标,要分析其成功的原因,提炼出有效的管理方法和技术手段。对于未能达到预期的指标,要深入剖析其背后的原因,找出问题的根源,避免在未来的项目中重蹈覆辙。同时,反思过程中的不足也是至关重要的。这不仅包括项目管理层面的不足,如计划安排、资源配置、沟通协调等方面的问题,还包括具体施工过程中的技术难题和操作失误。反思这些不足,可以制定出更为精确的改进措施。将总结与反思的成果转化为实际行动,提出具体的改进措施和建议,并在未来的项目中加以应用。这样,不仅能够持续提升施工管理水平,还能提高企业的核心竞争力和市场占有率。

二、建筑工程施工管理的任务

(一)项目策划与组织

项目策划与组织作为施工管理的起始和核心,关乎整个项目的成败。在项目启动之初,项目经理就需对项目进行深入的分析与规划,确立清晰、具体的项目目标,这不仅为整个团队指明了方向,也为后续工作提供了衡量的标准。制订中期计划是项目策划中的另一重要环节,它要求项目经理综合考虑各种因素,如施工条件、资源配备、外部环境等,从而制订出既切实可行又能保证项目质量的工期计划。资源的合理调配也是确保项目成功的关键。项目经理需根据项目的实际需求和进度,灵活调整人力、物力、财力等资源的分配,既要保证施工现场的正常运转,又要避免资源的浪费。在这一过程中,项目经理的协调与整合能力显得尤为重要。构建一个高效的项目组织结构同样不可或缺。一个明确的组织结构能够让每个成员都清楚自己的职责和分工,减少工作中的冲突和重叠,提高团队的整体效率。此外,明确的职责划分还有助于培养团队成员的责任感和归属感,进一步增强团队的凝聚力和战斗力。除了上述几点,项目经理在项目策划与组织阶段还需充分考虑项目可能遇到的各种风险。对风险进行预判和分析,制定出相应的应对策略,可以在风险来临时迅速应对,确保项目的稳定推进。这种前瞻性的风险管理思维,不仅能够减少项目过程中的不确定性,还能为项目的长期稳定发展提供有力保障。

(二)施工组织与管理

施工组织与管理是施工管理的核心所在,它涉及诸多关键环节,每一个细节都不容忽视。在施工队伍的组织与协调方面,项目经理必须精打细算,确保每一位施工人员都具备必要的专业素质和技能水平。这不仅关系到施工质量的高低,更直接影响到整个项目的顺利进行。因此,项目经理在挑选施工队伍时,必须严格把关,确保人选的专业性和经验值。在施工现场的布置与优化方面,项目经理需要具备前瞻性和全局观。施工现场的布置不仅要考虑到施工流程的合理性,还要充分考虑到安全性和高效性。一个井然有序的施工现场,不仅可以提高工作效率,更能减少安全事故的发生。因此,项目经理必须对施工现场的每一个角落都了如指掌,确保每一项工作都能有条不紊地进行。当然,材料和设备的采购与调配也是施工组织与管理中不可或缺的一环。项目经理需要密切关注市场动态,及时了解材料和设备的价格变化,以便在合适的时机进行采购,降低成本。同时,他还要根据施工进度和施工现场的实际情况,灵活调配材料和设备,确保施工所需物资的及时供应。这样才能避免物资短缺而导致的施工进度延误,保证项目顺利进行。

(三)质量的控制

质量控制是施工管理中不可或缺的关键环节,直接关系到项目的成败和企业的声誉。项目经理必须高度重视质量管理体系的建设,从源头上保障每一个施工环节的品质。制定严格的质量管理体系是第一步,这要求项目经理根据项目的特性和需求,明确各项工程的质量标准,确保施工过程中的每一个环节都有明确的质量要求。在施工过程中,项目经理要不断加强质量监控与检查工作,通过定期的巡查、抽检等方式,对施工现场进行全方位的监督,确保施工操作符合既定的质量标准。对于施工过程中出现的质量问题,项目经理必须保持高度的警觉性,一旦发现问题,应立即组织专业人员进行深入的分析,找出问题的根源,并采取有效的措施进行整改,防止问题进一步扩大,影响整个工程的质量。同时,项目经理还要对施工人员进行质量意识教育,通过培训、讲座等形式,提高施工人员对质量重要性的认识,培养施工人员的质量责任感。只有当每一位施工人员都充分认识到自己的工作质量与整个项目的品质息息相关时,才能从根本上保证工程的质量。

(四)进度的管理

进度管理是施工管理中的关键环节,直接关系到项目的成败。项目经理在进度管理方面扮演着举足轻重的角色,施工人员不仅需要制订合理的工期计划和施工进度计划,更要实时监控和调整施工进度,以确保项目按时完成。这就要求项目经理具备严谨的工作态度和丰富的实践经验,能够准确判断施工进度的合理性,并及时做出调整。在制订工期计划和施工进度计划时,项目经理需综合考虑项目的规模、施工队伍的专业能力、外部环境等多方面因素,确保计划的合理性和可行性。同时,施工人员还要密切关注施工过程中的各种突发情况,如天气变化、材料供应问题等,这些因素都可能对施工进度产生影响。因此,项目经理需要具备敏锐的观察力和快速的应变能力,以便在出现问题时能够迅速做出调整。实时监控施工进度的执行情况是确保项目按时完成的重要保障。项目经理需要通过定期巡查、与施工队伍保持密切沟通等方式,全面了解施工进度的实际情况。一旦发现施工进度滞后,就要立即采取措施加以解决,如增加施工人员、调整施工方案等,以确保项目能够按照既定的工期计划顺利推进。此外,项目经理还要加强与各方的沟通与协调,确保施工进度不受外部因素的影响。施工人员需要与业主、设计单位、监理单位等保持密切联系,及时解决可能出现的各种问题,为项目的顺利进行创造有利条件。对于延误工期的情况,项目经理要深入分析原因,并针对性地采取措施加以解决。

(五)成本的控制

成本控制是施工管理中的一大核心,它直接关乎项目的盈利能力和企业的经济效益。项目经理在项目启动之初,就应当制订详尽的经济预算和成本计划,这不仅是为了明确项目的总体花费,更是为了合理地分配和使用资金。在制订预算的过程中,项目经理需要全面考虑材料费、人工费、机械使用费及其他各种可能的费用,确保预算的全面性和准确性。然而,仅仅制订预算并不足够,施工过程中的成本控制更为关键。项目经理必须加强对项目成本的实时监控与分析,这意味着要不断地对比实际花费与预算,及时发现并解决成本超支的问题。这种实时的成本控制机制能够帮助项目经理更好地把握项目的经济状况,防止成本控制不善而导致的经济损失。除了实时的成本控制,项目经理还应当积极探索降低成本的途径和方法。这可能包括寻找更经济的材料来源、优化施工流程以减少不必要的人工和机械使用,或是通过技术创新来提高施工效率。这些努力不仅能够直接降低项目的成本,还能提高企业的竞争力和项目的经济效益。

(六)合同管理

合同管理在施工管理中占据着举足轻重的地位,是项目经理必须认真对待的重要任务。项目经理在与承包商、供应商和相关方签订合同之前,必须对合同条款逐一仔细审查,这是确保合同内容合法、公平的关键步骤。任何疏忽都可能导致后期合同履行过程中的纠纷和不必要的法律风险。合同的履行与执行是检验项目管理水平的重要标志。项目经理不仅要确保合同条款的清晰明确,还要在合同履行过程中持续跟进,加强与合同各方的沟通与协调。这包括定期的合同进度审查、质量把控及风险预警等,都是保障合同顺利履行的关键环节。在合同履行过程中,难免会遇到各种预料之外的情况,如设计变更、成本超支、工期延误等。对于这些问题,项目经理需要迅速反应,与相关方进行及时有效的沟通,协商解决方案,确保合同能够按照新的约定继续履行。合同纠纷和变更管理是合同管理中的两大难点。对于合同纠纷,项目经理需要冷静分析,依据合同条款和法律法规,寻求专业法律意见,通过协商、调解或诉讼等方式妥善解决。对于合同变更,项目经理要严格控制变更流程,确保所有变更都经过正式审批,并及时更新合同内容,避免信息不同步而导致的误解和纠纷。

(七)安全性管理

安全管理在施工管理中占据着举足轻重的地位,项目经理绝不能忽视其重要性。为了确保施工现场的安全,项目经理必须制定一套严格的安全管理制度与措施。这些制度和措施要涵盖施工现场的各个方面,包括但不限于设备操作、材料堆放、临时设施的设置等。安全管理制度的制定只是第一步,更为关键的是要将其落到实处,确保每一位施工人员都严格遵守。增强施工人员的安全意识是预防安全事故的有效措施。项目经理应当定期组织安全教育和培训,让施工人员深刻理解安全施工的重要性,并学会如何在施工过程中保护自己和他人的安全。此外,通过模拟演练等方式,施工人员可以更加熟悉应急处理流程,提高紧急情况下的自救和互救能力。在施工过程中,项目经理要加大安全检查和监督的力度。这包括对施工现场进行定期的、全面的安全检查,及时发现并解决存在的安全隐患。同时,项目经理还要对施工人员的操作进行实时监控,确保施工人员严格按照安全操作规程进行施工。万一发生安全事故,项目经理必须迅速、果断地处理,将损失降到最低。在处理事故的过程中,项目经理还要认真总结经验教训,分析事故发生的原因,并采取有效的措施防止类似事故的再次发生。

第二章 道路桥梁工程施工技术

第一节 道路工程施工技术

一、道路的分类及工程组成

道路工程是供各类无轨车辆和行人等通行的基础设施。道路是一种带状构筑物，它的中心线是一条空间曲线。它具有高差大、曲线多且占地狭长的特点。道路工程施工图的表现方法与其他工程图有所不同。道路工程施工图由平面图、纵断面图、横断面图及构造详图组成。

（一）道路的分类

道路可分为城市道路、公路、农村道路、专用道路。

1. 城市道路

城市道路是在城市范围内联系各组成部分，并供车辆及行人通行的、具备一定技术条件和设施的道路。按在道路系统中的地位、交通功能及对沿线建筑物的服务功能等来划分，城市道路可分为快速路、主干路、次干路和支路。

（1）快速路（如图 2-1）是为较高车速的长距离交通而设置的重要道路。快速路对向车道之间应设中间带以分隔对向交通，当有自行车通行时,应加设两侧带。快速路与高速公路、快速路、主干路相交时,必须采用立体交叉;与交通量较小的次干路相交时,可采用平面交叉;与支路不能直接相交。在过路行人集中地点应设置过街人行天桥或地下通道。

图 2-1 快速路

(2)主干路(如图 2-2)是城市道路网的骨架,为连接城市各主要分区的交通干路,以交通功能为主。自行车交通多时,宜采用机动车与非机动车分流形式,如三幅路或四幅路。

图 2-2 主干路

（3）次干路（如图2-3）是城市的交通干路,兼有服务功能。次干路配合主干路组成道路网,起广泛连接城市各部分与集散交通的作用。

图2-3　次干路

（4）支路是次干路与街巷路的连接线,满足局部地区交通需求,以服务功能为主。街巷内部道路,作为街巷建筑的公共设施组成部分,不列入等级道路内。

2. 公路

公路是指在城市以外,连接相邻市、县、乡、港口、厂矿和林区等,主要供汽车行驶,且具备一定技术条件和交通设施的道路。根据其功能和适应的交通量可分为五个等级:高速公路、一级公路、二级公路、三级公路和四级公路。

（1）高速公路（如图2-4）是专供汽车分向、分车道行驶,并全部控制出入的多车道道路,年平均日交通量为25 000辆以上（折合成小客车;四车道为25 000～55 000辆,六车道为45 000～80 000辆,八车道为60 000～100 000辆）。

图 2-4　高速公路

（2）一级公路是供汽车分向、分车道行驶，并可根据需要部分控制出入及部分立体交叉的多车道道路，年平均日交通量 15 000~55 000 辆（折合成小客车；四车道为 15 000~30 000 辆，六车道为 25 000~55 000 辆）。

（3）二级公路是供汽车行驶的双车道道路，年平均日交通量 5 000~10 000 辆（折合成小客车）。

（4）三级公路是主要供汽车行驶的双车道道路，年平均日交通量 2 000~6 000 辆（折合成小客车），是沟通县及县以上城市的一般干线道路。

（5）四级公路是主要供汽车行驶的双车道或单车道道路，年平均日交通量 2 000 辆以下（折合成小客车；单车道为 400 辆），是沟通县、乡（镇）的支线道路，按其重要性和使用性质又可分为国家干线道路（国道）、省级干线道路（省道）、县级道路（县道）和乡级道路（乡道）。

3. 农村道路

农村道路(如图2-5)一般是指在农村中连接乡、村、居民点的主要道路,其交通性质、特点、技术标准要求等均与公路不同。

图2-5 农村道路

4. 专用道路

专用道路包括厂矿道路和林区道路。厂矿道路是指修建在工厂、矿区内部的道路,以及厂矿与公路、城市道路、车站、港口的衔接道路,主要是供工厂、矿山运输车辆通行的道路。林区道路是指修建在林区,主要供各种林业运输工具通行的道路。

(二)道路工程的组成

道路工程的基本组成部分包括路床、路基、路面、桥梁、涵洞、隧道、防护与加固工程、排水设施、山区特殊构造物,城市道路还包括各种管线等,以及为保证汽车行驶安全、畅通和舒适的各种附属工程,如道路标志、加油站及绿化栽植等。此外,还包括为防止路基填土或山坡土体坍塌而修筑的承受土体侧压力的挡土墙,以及为保持路基稳定和强度而修建的地表和地下路基排水设施,如边沟、截水沟、排水沟、急流槽、渗沟、渗水井等。

二、道路工程施工的一般特点

新建、改建或扩建的道路工程,其施工都不同程度地呈现以下特点。

(1)道路工程是固定在土地上的构筑物,而施工生产是流动的,所以道路工程施工组织是复杂的,这是道路工程施工区别于工业生产的最根本的特点。道路工程具有流动性,因此需要把众多的劳动力、施工机具、材料在时间和空间上合理组织,从而使它们在线性的施工现场按照科学的施工顺序流动,不致互相妨碍而影响施工,这是施工组织的重要内容。

(2)道路工程施工规模大、周期长,施工组织工作十分艰巨。由于道路工程往往工程量较大,需要消耗大量的人力和物力,施工组织工作不仅要做好统筹部署,还要考虑不同工种之间开工、竣工的衔接。只有这样,才能保证道路工程施工生产连续且有序地进行。

(3)道路工程施工是在室外进行的,气候和自然条件决定了道路工程施工组织工作的特殊性和不能全年连续均衡地进行施工。因此,在施工组织中,要在雨季、冬季和高温季节采取特殊的技术措施和施工方法,在高空和地下作业则要采取必要的防护措施,并尽可能连续而均衡地进行施工,注意避免气候和自然条件对施工所产生的不利影响,以确保工程质量和施工安全,并满足工期要求。

综上所述,道路工程施工的特点集中表现在施工条件复杂多变,给施工带来很大的困难,故要求针对道路工程的不同对象和不同施工条件,从实际出发,充分做好准备工作,包括施工管理和组织计划工作。在施工中实行流水作业,严格进行施工管理,健全岗位责任制,加强质量保证体系建设,每道工序都要严格把关,前一道工序未经验收不得进入下一道工序,稳妥、科学地做好施工组织工作。

三、道路工程施工的基本程序

道路工程施工的基本程序是指施工单位从接受施工任务到工程竣工阶段必须遵守的工作程序。

(一)施工准备工作

施工准备工作是为拟建工程的施工建立必要的技术和物质条件,统筹安排施工力量和现场。施工准备工作也是施工企业进行目标管理、推行技术经济承包的依据。

为了保证施工顺利进行,在施工准备阶段,建设主管部门应根据计划要求的建设进度指定一个企业或事业单位组织基建管理机构,办理登记及拆迁,做好施工沿线有关单位和部门的协调工作,抓紧配套工程项目的落实,组织施工范围内的技术资料、材料、设备的供应;勘察设计单位应按照勘察设计合同按时提供各种图纸资料,做好施工图纸的会审及发放工作;施工单位应组织机具、人员进场,进行施工测量,修筑便道及生产、生活等临时设施,组织材料和物资的采购、加工、运输、供应、储备,做好施工图纸的接收工作,熟悉图纸的要求。

（二）组织施工

施工准备就绪后，施工单位向上一级单位提交开工申请，主管技术部门报监理工程师，由总监理工程师下达开工命令。施工单位要遵照施工程序和施工组织计划中所拟定的施工方法合理组织施工。在施工过程中应严格按照设计要求和施工规范施工，确保工程质量，安全施工。推广应用新工艺、新技术，努力缩短工期，降低造价，同时应注意做好施工记录，建立技术档案。

组织施工应具备的文件：①设计文件；②施工规范和技术操作规程；③各种定额；④施工图预算；⑤施工组织设计；⑥相关质量检验评定标准和施工验收规范。

（三）竣工验收、交付使用

工程竣工验收是一项细致又严肃的工作，需要对工程质量、数量、期限、生产能力、建设规模、使用条件进行审查，并以设计文件为依据，根据有关规定，对建设单位和施工企业编报的固定资产移交清单、隐蔽工程说明和竣工决算等进行细致检查。特别是竣工决算，它是反映整个基本建设工作所消耗的全部投资金额的综合性文件，也是通过经济指标对全部基本建设工作所做的全面总结。

四、道路工程施工准备工作

道路工程施工前施工单位的准备工作，是为了保证施工正常进行而必须做好的一项重要工作。

它之所以重要，是因为道路施工是一项非常复杂的生产活动，需要处理一系列复杂的技术问题，耗用大量的物资，使用众多人力和机械设备资源，所遇到的条件也是多种多样的，因而，施工前的准备工作考虑的影响因素越多,准备工作做得越充分,施工就会越顺利。施工前的准备工作带有全局性,它是组织施工的第一步,没有这项工作,工程就不能顺利开工,更不能连续施工。没有准备的施工或准备不充分的施工,均会使以后的施工难以顺利进行。

施工企业在投标时应成立工程项目经理部,施工单位在获得工程任务并与建设单位签订工程施工承包合同后,应按照合同的要求着手进行施工准备工作。施工准备工作分为组织准备、技术准备、物资准备和施工现场准备工作。

(一)组织准备工作

所谓组织准备工作,主要是建立和健全施工组织管理机构,制定施工管理制度,明确施工任务,确立施工应达到的目标。施工组织管理机构是为完成道路工程施工而设置的负责现场指挥、管理工作的组织机构,一般由项目经理部及下设的各职能部门组成。建立严格的责任制,按计划将责任预先落实到有关部门甚至个人,同时明确各级技术负责人在施工准备工作中所负的责任,从而充分调动各部门和技术人员的积极性,使施工人员有职、有权、有责。建立完善的施工管理制度是道路施工管理的核心。施工管理制度包括施工计划管理制度、工程技术管理制度、工程成本管理制度、施工安全管理制度。

(二)技术准备工作

技术准备工作,即通常所说的“内业”工作,它是工程顺利实施的基础和保证。技术准备工作直接影响到工程的进度、质量和经济效益,因此必须高度重视。技术准备工作的内容主要包括熟悉和审核图纸,深化施工组织设计;设计交桩和技术交底;建立工地试验室。

1. 熟悉和审核图纸,深化施工组织设计

项目负责人组织有关人员对施工图纸和资料进行学习和自审,如有疑问,应做好统计,在建设单位召开设计交底和图纸会审会议时提出,请上级部门给予解答。

施工组织设计是全面安排施工生产的技术经济文件,是指导施工的主要依据。施工组织设计是以一个建设施工项目为编制对象,用以规划整个拟建工程施工活动的技术经济文件。它是对整个项目施工任务所做的总体战略性部署安排,主要包括工程概况、施工布置与施工方案、施工总进度计划、施工准备工作及各项资源需要量计划、施工总平面图、主要技术组织措施及主要技术指标。

2. 设计交桩和技术交底

建设单位负责人召集设计、施工、监理、科研人员参加图纸会审会议。设计人员向施工方进行图纸交底,讲清设计意图和对施工的主要要求。施工人员应对图纸和有关问题提出质询。最终由设计单位根据图纸会审时提出的合理化建议,按程序进行变更设计或做补充设计。

3. 建立工地试验室

工地试验室是直接为施工现场提供服务的试验室,主要任务是配合路基、路面施工,对工地使用的各种原材料、加工材料及结构性材料的物理力学性能,以及施工结构体的几何尺寸等进行检测。工地试验室的作用是通过各种材料试验,选用合适的材料,以保证工程结构物的强度和耐久性,并有利于掌握各种材料的施工质量指标,保证结构物的施工质量。工地试验室的试验检测人员必须是施工单位试验检测机构的正式员工。

（三）物资准备工作

物资准备是指施工中必需的劳动手段和施工对象的准备。它是根据各种物资需要量计划，分别落实货源、组织运输和安排储备，以满足连续施工的需要。物资准备包括各种材料与机具设备购置、采集、调配、运输和储存，临时便道及工程房屋的修建，供水、供电、必需生活设施等的安装及建设等工作。

在道路施工前，各种生产、生活需用的临时设施，如各种仓库、搅拌站、预制构件厂（站、场）、各种生产作业棚、办公用房、宿舍、食堂、文化设施等均应按施工组织需要的数量、标准、面积、位置等修建完毕。修建好各种生产、生活需用的临时设施后，应及时根据施工组织设计确定的材料、半成品、预制构件的数量、品种、规格，以及施工机具设备，编制好物资供应计划，按计划订货和组织进货，按照施工平面图的要求在指定地点堆存或入库；应提前对砂、碎石、钢材等材料做各种试验，确定其是否满足设计要求；提前设计好各种标号混凝土的配合比；对施工机械和机具需要量进行计划，按计划进场安装、检修和试运转。

施工队伍应提早调整，健全和充实施工组织机构，进行特殊工种、稀缺工种的技术培训，提前招临时工和合同工，落实专业施工队伍和外包施工队伍。同时，根据地理位置、气候条件，为冬、雨季施工做适当准备。

（四）施工现场准备工作

1. 恢复定线测量

恢复定线测量的主要程序如下：①检查工程原测设的所有永

久性标桩;②复测;③对施工中所有的标桩进行加固保护,并对水准点、三角网衣等树立易于识别的标志;④向监理工程师提供全部的测量标记资料;⑤完成全部恢复定线、施工测量设计和施工放样工作;⑥各合同段衔接处的测量应在监理工程师的统一协调下由相邻两合同段的承包人共同进行,将测量结果协调统一在允许的误差范围内。

2. 建造临时设施

(1)工地临时房屋设施包括行政办公用房、宿舍、文化福利用房及作业棚等。其需要量根据职工与家属的总人数和房屋指标来确定。

(2)仓库用来存放施工所需要的各种物资、器材,按物资的性质和存放量要求,其形式可以是露天仓库、敞棚、房屋或库房。仓库物资贮存量应根据施工条件通过计算确定。

3. 临时道路

在工地布设临时道路时应遵循下列原则。

(1)临时道路以最短距离通往主体工程施工场所,并连接主干道路,使内外交通便利。

(2)充分利用原有道路,对不满足使用要求的原有道路,应在充分利用的基础上对其进行改建,以节约投资和施工准备时间。

(3)在工程施工与原有道路、桥涵发生冲突和干扰之处,承包人要在工程施工之前完成改道施工或修建临时道路。

(4)利用现有的乡村道路作为临时道路,应对乡村道路进行修整、加宽、加固,并设置必要的交通标志,经监理工程师验收合格后方可通行。

(5)工程施工期间,应配备人员对临时道路进行养护,以保证临时道路的正常通行。

（6）尽量避开洼地和河流，不建或少建临时桥梁。

4. 工地临时用电

施工现场用电包括生产用电和生活用电。其中，生活用电主要是照明用电；生产用电包括各种生产设施用电、主体工程施工用电、其他临时设施用电等。

五、道路工程施工常用机械

（一）土石方机械

1. 推土机

推土机（如图2-6）是一种多用途的自行式土方工程施工机械，它能铲挖并移运土壤。

图 2-6　推土机

例如，在道路建设施工中，推土机可完成以下工作：处理路基基底；路侧取土，横向填筑高度不大于 2 m 的路堤；沿道路中心线铲挖、移运土壤；傍山取土，修筑半堤半堑的路基。推土机还可用于平整场地、局部碾压场地、给铲运机助铲和预松土、堆积松散材料、清除作业地段内的障碍物,以及牵引各种拖式土方机械等作业。

推土机按行走装置不同分为履带式和轮胎式;按工作装置不同分为固定式铲刀(直铲)和回转式铲刀(斜铲);按操纵方式不同分为钢丝绳机械操纵和液压操纵等类型。工程量较为集中的土石方工程一般采用液压操纵的履带式推土机。推土机适用的经济运距为 50~100 m。

2. 铲运机

铲运机(如图 2-7)是一种在机械行进中利用铲斗依次完成铲削、装载、运输和铺筑的铲土运输机械。它广泛用于道路、铁路、水利、港口及大规模的建筑等工程中的土方作业。铲运机按行走装置不同分为牵引式铲运机(拖式)和自行式铲运机;按操纵方式不同分为机械传动铲运机、液压传动铲运机、电力传动铲运机和静压传动铲运机等。在施工作业时,铲运机卸土作业有强制式卸土、半强制式卸土和自行式卸土三种。铲运机的特点是能独立完成铲土、运土、卸土、填筑、压实等工作。铲运机对行驶道路要求较低,常用于坡角在 20° 以内的大面积场地平整,开挖大型基坑、沟槽,以及填筑路基等土方工程。

一般来说,铲运机可在 Ⅰ~Ⅲ 类土中直接挖土、运土。铲运机的经济运距和行驶道路坡度是铲运机选型的重要依据。如果运距短、坡度大、路面松软,以选择拖式铲运机为宜;如果运距较长、坡度大,采用双发动机驱动的自行式铲运机比较经济;如果路面较平坦,则选用单发动机驱动的自行式铲运机较为经济。铲运机适用于中等运距(100~200 m)和道路坡度不大条件下的大量土方转移

图 2-7　铲运机

工程。如果运距太短(100 m 以内),采用铲运机是不经济的。这时采用推土机或轮胎式装置自装、自运较为适宜。运距特长(200 m 及以上)则采用自卸式汽车较为经济。

3. 单斗挖掘机

单斗挖掘机(如图 2-8)是一种刚性或挠性连续铲斗,以间歇重复式循环进行工作,周期性作业的自行式土方施工机械。当场地起伏高差较大、土方运输距离超过 1 000 m,且工程量大而集中时,可采用单斗挖掘机挖土,配合自卸汽车运土,并在卸土区配备推土机平整土堆。

单斗挖掘机有内燃驱动、电力驱动、复合驱动等类型,按照挖斗形式可分为正铲挖掘机、反铲挖掘机、拉铲挖掘机、抓铲挖掘机等。正铲挖掘机的特点是"前进向上,强制切土",能开挖停机面以上的Ⅰ~Ⅳ级土,适合在地质较好、无地下水的地区工作。反铲挖掘机的特点是"后退向下,强制切土",能开挖停机面以下的Ⅰ~Ⅲ级土,适宜开挖深度 4 m 以内的基坑,在地下水位较高处也适

图 2-8　单斗挖掘机

用。拉铲挖掘机的特点是"后退向下，自重切土"，能开挖停机面以下的Ⅰ～Ⅱ级土，适宜用于大型基坑及水下挖土。抓铲挖掘机的特点是"直上直下，自动切土"，特别适于水下挖土。

4. 装载机

装载机(如图 2-9)分为轮式装载机及履带式装载机两种。履带式装载机又分为全回转式装载机、半回转式装载机和非回转式装载机三种。它的优点是兼有推土机和挖掘机两者的工作能力，适应性强、作业效率高、操纵简便。

图 2-9　装载机

　　装载机常用于道路建设中的土石方铲运,以及推土、起重等多种作业,在运距不大或运距和道路坡度经常变化的情况下,如采用装载机与自卸车配合进行装运作业,会使工效下降、费用增高。在这种情况下,可单独采用装载机作为铲运设备。

5. 平地机

　　平地机(如图2-10)是用装在机械中央的铲土刮刀进行土壤的切削、刮送和整平连续作业,并配有其他多种辅助作业装置的轮式土方施工机械。当配置推土铲、土耙、松土器、除雪犁、压路辊等附属装置或作业机具时,平地机可进一步扩大使用范围,提高工作能力或完成有特殊要求的作业。

图2-10　平地机

　　平地机主要用于修筑路基、路面横断面,路基边坡整理工程的刷坡作业,开挖边沟及路槽,平整场地等,还可用来在路基上拌和路面材料、摊铺材料,修整和养护土路基路面,推土,疏松土壤,清除杂物、石块和积雪等。

（二）压实机械

常用的压实机械为压路机。压路机一般分为光轮压路机、轮胎压路机和振动压路机三种。光轮压路机的自重可以在一定范围内调整，以改变单位线压力，一般用于整理性压实工作，对于容重要求较低的黏性土、砂砾料、风化料、冲积砾质土较为适合。轮胎压路机具有弹性，在碾压时与土体同时变形，其碾压作用力主要取决于轮胎的内压力。接触面积与压实深度有着密切的关系，为了得到较大的接触面积，并增加压实深度，在轮胎允许范围内尽可能增加轮胎碾轮的负荷。一般情况下，刚性碾轮由于受到土壤极限强度的限制，机重不能太大，而轮胎碾轮则没有这个缺点，所以轮胎碾轮适合用于压实黏性土及非黏性土，如壤土、砂壤土、砂土、砂砾料等，同时在路面施工中也常采用。振动压路机俗称振动碾，其主要优点有：单位面积压力大，可适当增加压实厚度，碾压遍数也可适当减少；结构重力小，外形尺寸小。其最大缺点就是振动及噪声大，易使机械手过度疲劳。

六、道路工程现场施工安排

道路施工是一项非常复杂的生产活动，它不仅需要对进度计划、质量和成本，以及劳动力、建设物资、工程机械、工程技术与财务资金等进行管理，而且要为实现施工目标所涉及的各类施工要素的生产事务服务，否则就难以充分地利用施工条件，发挥施工要素的作用，甚至无法进行正常的施工活动，实现施工目标。

（一）现场施工管理的基本任务

现场施工管理的基本任务是根据生产管理的普遍规律和施工的特殊规律,以每一个具体工程和相应的施工现场为对象,正确地处理施工过程中劳动力、劳动对象和劳动手段的相互关系及其在空间布置上和时间安排上的各种矛盾,做到人尽其才、物尽其用,安全地完成施工任务。

（二）现场施工管理的基本内容

现场施工管理包括以下基本内容:①编制施工作业计划并组织实施,全面完成计划指标;②做好施工现场的平面布置,合理利用空间,创造良好的施工条件;③做好施工中的调度工作,及时协调施工工种和专业工种之间,以及总包单位与分包单位之间的关系,组织交叉施工;④做好施工过程中的作业准备,为连续施工创造条件;⑤保护施工环境,节约社会资源,建设优良工程;⑥科学合理地设置管理机构,保证现场管理全面协调运作;⑦认真填写施工日志和施工记录,为竣工验收和技术档案积累资料。

（三）道路施工组织管理的内容

道路工程施工要多、快、好、省地完成施工生产任务,必须有科学的施工组织,并合理地解决一系列问题。道路施工组织管理的具体内容如下:①确定开工前必须完成的各项准备工作;②计算工程量,合理部署施工力量,确定劳动力、机械台班、各种材料、构件等的需要量和供应方案;③确定施工方案,选择施工器具;④安排施工顺序,编制施工进度计划;⑤确定工地上的设备停放场、料场、仓库、办公室、预制场地等的平面布置。此外,道路工程的施工方案可以是多种多样的,应该依据道路工程具体特点,工期要求,劳动力数量及技术水平,机械设备条件,材料供应情况,构件生产、运输能力,地质、气候等自然条件,以及技术经济条件进行综合分析和方案比选,选择最理想的施工方案。

对上述各要素加以综合考虑,并做出合理的决定,形成指导施工生产的技术经济文件——施工组织设计。施工组织设计本身是施工技术准备工作,是全面布置施工生产活动、控制施工进度、进行劳动力和机械调配的基本依据,对多、快、好、省地完成道路工程的施工生产任务起着决定性作用。

七、道路工程安全文明施工和环境保护

(一)安全施工措施

在施工生产中,有近80%的生产安全事故都是由职工自身的不安全行为造成的。

从构成事故的三因素——人、机械、环境的关系角度分析,机械、环境相对比较稳定,唯有人是最活跃的因素,而人又是操作机械设备、改变环境的主体,因而,紧紧抓住人这个活跃因素,通过科学的管理、有效的培训和教育、正确的引导和宣传,以及合理、及时的班组安全活动,不断增强职工的安全生产意识,是做好安全生产管理工作的关键。

具体的安全施工措施有以下几点。

1.建立健全项目安全生产保证体系,实施安全生产责任制,确保各专业项目负责人及技术负责人对劳动保护和安全生产的工作负责。工程项目经理部必须建立安全生产领导小组,各班组设安全员,各作业点应有安全监督岗,并将安全生产责任制层层落实。

2. 组织工程项目施工的安全教育和技术培训考核,对管理人员和施工操作人员,按照各自的安全职责范围进行教育,并建立安全生产奖惩制度,认真落实。

3. 确保进行必需的安全投入。购置必备的劳动保护用品,安全设备及设施齐备,满足安全生产的需要。另外,积极做好安全生产检查,发现事故隐患要及时整改。

4. 所有工程在开工前必须编制有安全技术的施工组织设计(包括施工用电组织设计)及技术复杂的专题方案,必须严格履行审核批准手续、程序,必须逐级进行安全技术交底。技术交底应有书面资料或作业指导书(或操作细则)。技术交底针对性要强,并履行签字手续,保存资料。项目经理部安全员负责监督检查,严格按照安全技术交底的规定进行作业。

5. 施工现场应实施机械安全管理及安装验收制度。施工机械、机具和电气设备在安装前,应当按照安全技术标准进行检测,经检测合格后方可安装。机械安装要按平面布置进行。在投入使用前,应按规定进行验收,并办好验收登记手续。经验收,确认机械状况良好,能安全运行的,才准投入使用。所有机械操作人员都必须经过培训,合格后方可持证上岗。对机械操作人员要进行登记存档,按期复验。机械设备使用期间,应当指定专人负责维护保养,保证机械设备的完好率和使用率,以及安全运作。

6. 安全检查由项目经理或主管施工生产的技术负责人主持,项目经理部有关人员参加。对查出的隐患,要建立登记、整改、验证、销项制度,要定人、定措施、定经费、定完成日期,在隐患没有消除前,必须采取可靠的防护措施,如有危及人身安全的紧急险情,应立即停止作业。

(二)文明施工措施

文明施工能够展示施工单位的形象,体现施工队伍的素质。文明施工措施主要涉及场容、场貌,料具管理及综合治理等方面。

1. 场容、场貌

施工现场的大门应是开启方便、牢固、规格统一、印有企业标志的铁制大门。施工现场应制定门卫管理制度,非本工程操作人员需登记方可入内。施工现场的大门外应设置标牌,注明工程名称、建设单位、施工单位、开竣工日期等内容,大门内应设置施工平面图,且施工平面图应比例合适、内容齐全、布置合理,与现场实际相符。

2. 料具管理

在施工现场临时存放施工材料时,须经有关部门批准,并应按规定办理临时占地手续。材料要码放整齐,符合要求,不得妨碍交通和影响市容,堆放散料时应进行围挡。料具和构配件应按施工平面布置图指定位置分类码放整齐。预制圆管、预制板等大型构件和大模板存放时,场地应平整夯实,有排水措施,码放应符合规定。施工现场的材料保管,应依据材料性能采取必要的防雨、防潮、防晒、防冻、防火、防爆、防损坏等措施。贵重物品及易燃、易爆和有毒物品应及时入库,专库专管,加设明显标志,并制定严格的领退料制度。

3. 综合治理

要加强职工的教育,应经常对参与施工的职工(包括新入场的工人)进行文明施工教育。除对全体职工进行文明施工教育外,还应分工种进行文明施工教育,以及根据施工进度、部位对职工进行有针对性的文明施工教育。加强管理职工宿舍卫生,及时处理生活污水,做到卫生区内无污水、无污物,不得出现废水乱流等现象。

(三)环境保护措施

依照国家、地方有关环境保护的法律法规,确定施工过程中要做的环境保护工作及具体的工作安排,使施工期间的环境保护工作有序、有效进行,减少施工过程对周围环境造成的不利影响。环境保护的目标:在工程施工期间,对废水、废气和固体废弃物进行全面控制,尽量减少这些污染物排放所造成的影响,文明施工,保护农田和农作物。

施工中产生的环境污染问题,主要包括水污染、大气污染、噪声污染及固体废弃物污染等。针对这几类污染,有以下几种处理方法。

1.在开工前完成工地排水和废水处理设施的建设,保证工地排水和废水处理设施在整个施工过程中的有效性,做到现场无积水、排水不外溢、不堵塞、水质达标。

2.对易产生粉尘、扬尘的作业面和装卸、运输过程,制定操作规程和洒水降尘制度,在旱季和大风天气适当洒水,保持湿度。合理组织施工,优化工地布局,易产生扬尘的作业、运输应尽量避开敏感点和敏感时段(人群活动的时段)。易飞扬的细颗粒散装物料应尽量安排在库内存放,堆土场、散装物料露天堆放场要压实、覆盖。此外,尽量使用清洁能源。

3.施工中各种临时设施和场地,如堆料场、加工厂、轧石厂、沥青厂等距居民区不宜小于 300 m,而且应设于居民区主导风向的下风向。使用机械设备时,要尽量减少噪声、废气等污染。施工场地的噪声应符合当地有关部门的具体规定。

4.回填土方时,减少回填土方的堆放时间和堆放量,堆土场周围加护墙或护板,保证回填土的质量,不将有毒有害物质和其他工地废料、垃圾用于回填。制定泥浆和废渣的处理方案,选择有资质的运输队伍,及时清运施工弃土和渣土,建立登记制度,防止中途倾倒事件的发生,并做到运输途中不洒落。剩余料具、包装应及时回收、清退。对可利用的废弃物尽量回收利用,各类垃圾及时清扫、清运,不随意倾倒,一般要求每班清扫、每日清运。施工现场无废弃砂浆和混凝土,运输道路和操作面落地料及时清运,砂浆、混凝土倒运采取防洒落措施。

第二节　桥梁工程施工技术

一、桥梁的组成及分类

(一)桥梁的组成

桥梁由五个主要部件(桥跨结构、支座系统、桥墩、桥台、基础)和桥面构造(桥面铺装、排水防水系统、栏杆、伸缩缝和灯光照明)组成。

桥跨结构、支座系统和桥面构造是桥梁的上部结构,它是线路中断时跨越障碍的主要承重结构。上部结构的作用是满足车辆荷载、行人通行,并通过支座将荷载传递给墩台。墩台和基础是桥梁的下部结构,它的作用是支撑上部结构,并将结构的荷载传给地基。

(二)桥梁的分类

桥梁的种类繁多,它们都是在长期的生产活动中通过反复实践和不断总结,逐步创造发展起来的。

1. 按桥梁的受力体系分类

桥梁可根据拉、压和弯三种基本受力方式分为梁式桥、拱式桥、悬索桥和刚构桥四种基本体系；当有几种不同的结构体系组合在一起时，则组成组合体系桥。

（1）梁式桥

梁式桥（如图2-11）是一种在竖向荷载作用下无水平反力的结构。由于外力的作用方向与承重结构的轴线接近垂直，故与同样跨径的其他结构体系相比，梁内产生的弯矩最大，通常用抗弯能力强的材料来建造，它结构简单，施工方便。梁式桥又可分为简支梁桥和连续梁桥。简支梁桥的跨越能力有限，当计算跨径小于20 m时，通常采用混凝土材料；当计算跨径较大时，需要采用预应力混凝土结构，但跨径一般不超过40 m。悬臂梁桥和连续梁桥都是利用增加中间支承以减小跨中弯矩，更合理地分配内力，加大跨越能力。

图 2-11　梁式桥

（2）拱式桥

拱式桥（如图 2-12）的主要承重结构是拱圈或拱肋。其特点是结构在竖向荷载作用下，两拱脚处不仅产生竖向反力，还产生水平反力，水平推力的作用使拱截面的弯矩和剪力大大地减小。设计合理的拱主要承受拱轴压力，拱截面内弯矩和剪力均较小，因此可充分利用石料或混凝土等抗压能力强的建筑材料。拱式桥是推力结构，其墩台、基础必须承受强大的拱脚推力。因此拱式桥对地基要求很高，适建于地质和地基条件良好的桥址。拱式桥不仅跨越能力强，而且外形酷似彩虹卧波，造型十分美观。

图 2-12　拱式桥

（3）悬索桥

悬索桥（如图 2-13）又称吊桥。传统的吊桥均使用悬挂在两边塔架上强大的缆索作为主要的承重结构。悬索桥由主塔、缆索、锚碇结构及吊杆、加劲梁等组成。在竖向荷载作用下，吊杆使缆索承受很大的拉力，通常就需要在两岸桥台的后方修筑巨大的锚碇结构。吊桥也是具有水平反力的结构。现代的吊桥上,广泛采用高强度的钢丝编制的钢缆,以充分发挥其优异的抗拉性能。因此,结构自重较轻、建筑高度较小的悬索桥能够建造出比其他任何桥型都要大的跨度。

图 2-13　悬索桥

（4）刚构桥

刚构桥(如图 2-14)的主要承重结构是梁与立柱刚性连接的结构体系。刚构桥的特点是在竖向荷载作用下,柱脚处不仅产生竖向反力,同时产生水平反力和弯矩,使其基础承受较大推力。刚构桥跨中的建筑高度可以做得较小。

（5）组合体系桥

由几种不同体系的结构组合而成的桥梁称为组合体系桥。常见的有:斜拉桥和梁、拱组合体系桥。

图 2-14　刚构桥

2. 桥梁的其他分类

除上述按受力特点将桥分成不同的结构体系外,人们还习惯按桥梁的用途、大小规模和建桥材料等方面来进行分类:①按桥梁全长和跨径的不同,分为特大桥、大桥、中桥和小桥。②按桥梁主要承重结构所用的材料划分,有圬工桥(包括砖、石、混凝土等)、钢筋混凝土桥、预应力钢筋混凝土桥、钢桥和木桥等。木材易腐且资源有限,因此除少数临时性桥外,一般不宜采用。目前,我国在公路上使用最广泛的是圬工桥、钢筋混凝土桥、预应力钢筋混凝土桥。③按桥梁上部结构的行车道位置,分为上承式桥、下承式桥和中承式桥。桥面布置在主要承重结构之上者称为上承式桥,桥面布置在主要承重结构之下的称为下承式桥,桥面布置在桥跨结构高度中间的称为中承式桥。④按桥梁用途来划分,分为公路桥、铁路桥、公路铁路两用桥、农桥、人行桥、运水桥及其他专用桥梁。

二、桥梁工程施工的一般特点

(一)施工的流动性和地区性

桥梁工程施工的流动性是其显著特点之一,它体现在工程项目可能跨越不同的地区和现场进行。这种流动性不仅意味着施工人员和设备需要随着项目的推进而迁移,还涉及施工方法和项目管理策略的持续调整。由于桥梁工程往往涉及广泛的地理区域,因此,施工团队需要具备高度的灵活性和适应性,以应对不同地区特有的环境、气候和地质条件。与此同时,桥梁工程的地区性也是不容忽视的因素。桥梁的建造地点对工程设计、施工和最终的使用效果有着深远的影响。每个地区的自然、技术、经济和社会条件都独一无二,这些条件直接决定了桥梁的结构设计、材料选择及施工方案。例如,在地震活动频繁的区域,抗震设计就显得尤为重要。桥梁的抗震性能不仅关乎桥梁本身的安全,更直接关系到人们的生命财产安全。因此,在这类地区进行桥梁施工时,必须着重考虑地震力的影响,采用特殊的抗震结构和材料,确保桥梁在地震发生时能够保持稳定。

(二)施工周期长、占用流动资金大

桥梁工程,以其规模庞大和结构复杂而著称,往往伴随着漫长的施工周期。在这一过程中,对人力、物力和财力的需求极大,而这些资源的投入并非一蹴而就,需要持续稳定的供给。然而,资金的回流却并不迅速,这种情况对项目的整体运营构成了不小的挑战。长时间的施工不仅仅是对技术和工艺的考验,更是对项目管

理和协调能力的一种检验。如何确保在持续的施工过程中,各个环节能够紧密衔接,各项资源能够合理分配,需要项目团队具备出色的管理能力。资金链的稳定性在这一长期项目中显得尤为重要。由于资金回流慢,项目方必须有良好的资金储备和财务规划,以应对可能出现的资金短缺问题。否则,一旦资金链断裂,整个项目将面临停滞的风险。除此之外,施工过程中还不得不面对诸多不确定因素。天气变化是一个不可忽视的影响因素,恶劣的天气可能会影响施工进度,甚至引发安全问题。同时,材料供应的延迟也是一个常见的挑战,它可能由多种原因导致,如运输问题、生产商的延误等,这些都会对施工进度产生直接影响,进而增加项目成本。

(三)露天作业、高空及水中作业多

桥梁工程的施工环境往往十分恶劣,露天作业是最常见的场景,而高空和水中作业也并非罕见。在这样的特殊环境下工作,对施工人员提出了极高的要求,不仅要有扎实的专业技能,还需拥有敏锐的安全意识。由于桥梁工程常涉及大跨度、高架空或深水区域,施工人员在操作过程中必须时刻保持警惕,严格遵守安全操作规程。面对这样的作业环境,施工单位肩负着重大责任。施工人员需要制定严格的安全管理制度,提供全面的安全保障措施。这包括为施工人员配备合格的安全防护装备,如安全带、安全帽、防护眼镜等,并确保这些装备在日常工作中得到正确使用。此外,定期的安全培训和应急演练也是必不可少的,它们能够帮助施工人员熟悉安全操作流程,提高在紧急情况下的自救和互救能力。

（四）施工组织的协作复杂性

桥梁工程的施工是一个高度复杂且需要多学科交叉协作的过程。从项目启动之初的水文地质勘测，到桥梁结构设计，再到现场的具体施工操作，每一步都离不开多个专业和工种的深度配合与协作。这种跨专业的合作模式，要求参与其中的每一位专业人员不仅具备深厚的专业素养和技能，更要对项目的整体目标有清晰的认识和高度的责任感。在施工过程中，地质工程师需要准确分析地质构造，为桥梁的基础设计提供坚实的数据支持；结构工程师则要根据这些数据和设计要求，进行精确的结构设计，确保桥梁的承载能力和安全性；而施工人员则需要严格按照设计图纸和规范进行施工，保证每一个细节都符合预期的标准。为了确保这一系列的协作能够顺畅进行，建立有效的沟通机制显得尤为重要。各专业团队之间必须保持信息的实时共享和准确传递，以便及时调整工作策略，解决施工过程中遇到的问题。这种跨专业的沟通与合作，不仅能够提升项目的执行效率，更能够在关键时刻发现和纠正潜在的问题，从而确保桥梁工程的安全、质量和进度。

三、桥梁工程施工技术的关键环节

（一）施工准备与勘测设计

施工准备阶段是桥梁工程施工的基石，涵盖了施工图设计、材料准备与施工现场勘测等诸多重要环节。这一阶段对于整个工程的顺利进行而言至关重要，因为它为后续的施工活动提供了明确的指导和坚实的支撑。施工图设计是准备阶段的核心任务之一。这不仅要求设计师具备精湛的专业技能，更需要施工人员对细节有着近乎苛刻的把控。每一个构件的尺寸、位置和衔接方式都必须在图纸上得到精确的标注,以确保施工过程中的每一步都能准确无误地进行。此外,施工图还应包括必要的施工说明和安全规范,为施工人员提供全面的操作指南。与此同时,材料准备也是一项不容忽视的任务。优质的材料是桥梁工程质量的根本保证。因此,在施工准备阶段,必须对各种所需材料进行详细的计划和采购,包括钢筋、混凝土、砂石等关键建材。这些材料不仅要符合国家标准,还要经过严格的质量检测,确保其性能稳定、可靠。施工现场的勘测同样至关重要。通过详细的地质勘测和现场调查,全面了解施工区域的地质条件、环境因素及可能存在的风险因素。这些信息对于制定合理的施工方案和应急预案具有至关重要的意义,能够确保施工过程中的安全性和效率。

(二)基础施工

基础施工在桥梁建设中扮演着至关重要的角色,它是整个工程的起点和基石。这一阶段主要包括桩基施工和地基处理两大环节,每一步都需精准把控,以确保桥梁的稳固与安全。桩基施工是确保桥梁稳定的关键步骤。在此过程中,选择合适的桩型和桩长显得尤为重要。这需要根据地质条件、桥梁的承载需求及施工环境等多重因素进行综合考量。同时,桩身的垂直度和桩顶的水平度也是施工中的关键控制点,它们直接影响到桩基的承载能力和桥梁的整体稳定性。地基处理则是根据地质勘测结果来采取相应措施,以提升地基的承载力和稳定性。这一环节可能涉及地基加固、排水处理、土壤改良等多种技术手段,旨在打造一个坚实、均匀且稳定的地基平台,为后续桥梁施工提供强有力的支撑。

（三）桥墩与桥面梁施工

桥墩施工在桥梁工程中占据着举足轻重的地位。在施工过程中，确保墩身的垂直度是至关重要的，因为这直接关系到桥梁结构的稳定性和承载能力。为了实现这一目标，施工人员通常会采用精密的测量仪器和严格的施工工艺来监控和调整墩身的垂直度。同时，精确控制墩身的尺寸和位置也是不容忽视的环节，这要求施工人员严格按照设计图纸进行施工，确保每一个细节都符合设计要求。桥面梁的施工同样需要高度的精确性和专业性。保证桥面梁的平整度和牢固度是确保行车稳定性和安全性的前提。为此，施工人员会采用高质量的建筑材料和先进的施工工艺，以确保桥面梁的质量达到设计要求。此外，桥梁的排水设计也是关键，它能够防止积水对桥面造成损害，从而提高桥梁的使用寿命。桥梁支座的设置同样需要符合设计要求。支座的主要作用是支撑桥面梁，同时允许桥梁在温度变化时自由伸缩，以保持受力平衡。因此，支座的选材、安装位置和调试都是至关重要的环节。施工人员需要严格按照设计图纸进行操作，确保支座的设置既符合力学原理，又能满足桥梁的实际使用需求。

（四）缆索与吊装施工（针对特定类型的桥梁）

在悬索桥等特殊桥梁的建设中，缆索施工无疑是至关重要的环节。吊装缆索与预应力张拉等步骤，都需要高超的技术和精准的操控。吊装缆索时，对吊装的高度与角度掌控必须严丝合缝，任何疏忽都可能带来安全风险，影响桥梁的整体稳定性。因此，在这一环节中，施工团队需借助先进的测量设备和严格的操作规程，以确保吊装过程的每一步都万无一失。而预应力张拉更是对技术和精度的双重考验。通过使用专业的张拉设备,施工团队将缆索均匀且稳定地拉紧,直至达到设计要求的预应力值。这一过程不仅要求设备的高性能和操作的规范性,更对施工人员的专业技能和经验提出了极高要求。

(五)施工质量控制与安全管理

施工质量控制是桥梁工程建设的核心要素,它关乎桥梁的安全性、稳定性和使用寿命。在施工过程中,对施工材料的质量控制是首要任务。必须确保所使用的材料符合国家标准,具备必要的强度和耐久性。此外,施工工艺的控制同样重要,每一步施工流程都需要严格遵循设计要求和行业规范,确保施工质量的稳定性和可靠性。除了材料和工艺,对施工成品的质量控制也是关键。桥梁的各个构件,如桥墩、桥面梁等,都需要经过严格的质量检测,确保其满足设计要求和使用功能。任何质量不达标的情况都必须及时进行处理和修复,以保障桥梁的整体质量。与此同时,施工过程中的安全管理不容忽视。在施工现场设置明显的安全警示标志,以提醒施工人员注意安全,预防潜在的安全风险。加强施工人员的安全教育和培训也是必不可少的,增强施工人员的安全意识和操作技能,可以有效减少施工事故的发生。在施工过程中,严格遵守安全操作规程是每一位施工人员的责任。无论是高空作业还是地面施工,都需要采取相应的安全防护措施,确保施工过程的安全性。

第三章　道路桥梁工程施工组织与管理

第一节　施工进度管理与资源调配

一、道路桥梁工程施工进度管理与资源调配的重要性

(一)确保工程按时完成

施工进度管理是道路桥梁工程中至关重要的一环,它涉及整个项目的时间控制、任务分配和资源调配等关键环节。通过制订一份详尽而周密的施工进度计划,项目团队可以清晰地了解到各个阶段需要完成的任务、所需的时间及预期的成果。这份计划就像一份导航图,指引着施工人员按照既定的路线前进,确保每一个环节都能得到妥善落实。严格按照施工进度计划执行,意味着项目团队能够有条不紊地推进工程进度,避免无序施工而导致的资源浪费、时间延误和质量问题。这种有序的施工方式,可以大大提高工程效率,使整个项目在预定的时间内得以顺利完成。不仅如此,通过有效的施工进度管理,企业还能够履行与业主签订的合同条款,按时交付工程成果,从而减少延期交付而引发的违约风险。这不仅是对业主负责的表现,也是企业维护自身信誉和口碑的重要举措。在竞争激烈的市场环境中,一个能够按时、高质量完成项

目的企业,无疑会赢得更多客户的信任和青睐。

(二)优化资源配置,降低成本

资源调配在道路桥梁工程施工中具有至关重要的地位。合理的资源调配能够确保施工材料、施工设备等得到及时且高效的供应与利用,从而有效规避资源的无谓消耗和闲置情形。这种精细化的资源管理不仅有助于降低工程的总体成本,还能显著提升企业的经济效益,为企业在激烈的市场竞争中赢得优势。更为深远的意义在于,优化资源调配还契合了绿色环保的施工理念,通过减少不必要的资源浪费,实现了对环境的保护。这种可持续的施工方式,不仅响应了国家对绿色发展的号召,也体现了企业社会责任的担当。因此,在道路桥梁工程施工中,重视并做好资源调配工作,是确保工程质量、提升效率、实现经济效益与社会效益双赢的关键所在。

(三)保障工程质量与安全

施工进度管理与资源调配在道路桥梁工程中具有举足轻重的作用,它们的合理性直接关系到工程的质量与安全。通过科学的施工进度安排,项目团队能够有序地推进各个施工环节,确保每一道工序都得到充分的质量检验与控制。这不仅可以避免赶工导致的质量问题,还能在关键施工阶段通过增加人员和设备的投入,有效提升施工效率,进而保证工程的整体质量。同时,资源调配的合理性对于工程安全也至关重要。合理的资源分配可以确保施工现场的安全设施得到及时完善,比如在危险区域设置明显的安全警示标志,为施工人员配备合格的安全防护用品等。这些措施能够显著降低施工现场的安全风险,降低安全事故的发生概率。此外,施工进度管理与资源调配的紧密结合,还能够提高项目团队对于突发事件的应对能力。比如,在遇到恶劣天气、设备故障等不可预见情况时,项目团队可以迅速调整施工进度和资源分配,以确保施工现场的安全稳定。

(四)提升企业管理水平和竞争力

施工进度管理与资源调配无疑是检验企业项目管理能力的重要标准。企业若能持续优化施工进度和资源调配的策略,则意味着其在管理层面具备了较高的灵活性和前瞻性。这种管理上的进步,使企业能够快速响应市场的微妙变化,更好地满足客户多样化的需求。在市场竞争日趋激烈的今天,这种能力无疑是企业宝贵的资产。通过高效的施工进度管理,企业能确保工程按期交付,从而赢得客户的信任和市场的认可。而精细化的资源调配则能帮助企业降低成本,提高效益,进一步巩固市场地位。随着管理水平的提升,企业在道路桥梁工程领域的市场份额自然会增加,同时,这也将极大地提升企业的核心竞争力,为其长远发展奠定坚实基础。

二、施工进度管理的基本原理与方法

(一)施工进度管理的任务与目标

1. 施工进度计划的制订

施工进度管理的核心在于制订一份详尽且周密的施工进度计划。这一计划的重要性不言而喻,它既是施工的纲领,也是项目如期竣工的保证。制订时必须全面考量项目规模、技术难题、资源分配及外部环境等多重因素,这些因素直接关系到计划的合理性和实施效果。与此同时,与其他相关部门的深入沟通和协调也至关重要,这能够确保计划的实际可行性和跨部门的高效协作。施工进度计划中,应详细列明每个阶段的具体任务、预定工期、关键时间节点,以及期望达成的具体目标。这样的设置为整个施工流程提供了明确的方向标和行动指南,使每一步施工都有据可依、有序可循。此外,计划中还应预备应对潜在风险和突发状况的策略。在施工过程中难免会遇到各种问题,而一份周全的计划能够帮助项目团队在遇到挑战时迅速做出调整,确保施工的连贯性和稳定性不受影响。

2. 施工进度的实时监控与调整

施工进度管理的核心任务之一是实时监控施工进度并根据实际情况进行灵活调整。这一任务对管理团队提出了高要求,需要施工人员具备敏锐的洞察力和强大的应变能力。管理团队通过定期的现场巡查,能够直观地了解施工现场的实际情况,同时,通过数据收集与分析,量化施工进度,更精确地掌握工程的推进状况。这种实时监控机制使管理团队能够第一时间发现潜在的问题和施工进度的偏差。在发现施工进度与既定计划存在不符时,管理团队必须迅速且有效地做出反应。施工人员可能需要增加资源投入,如增添人力或更新设备,以提高施工效率。同时,优化施工流程也是关键,改进工作方法,减少不必要的环节,可以显著提升施工进度。此外,管理团队还需要与业主、设计方、施工方等多方进行有效协调,确保各方之间的顺畅沟通,共同解决施工中遇到的问题。

3. 施工风险的识别、评估与应对

在施工进度管理中,对潜在风险的识别、评估与应对是不可或缺的环节。施工过程中,可能面临的风险层出不穷,包括自然灾害如洪水、地震,政策调整如环保要求的提高,以及供应链中断等问题。这些风险若不及时识别与应对,将对施工进度产生严重影响。为此,管理团队必须建立一套全面且高效的风险管理机制。这一机制应涵盖风险的定期评估、应急预案的制定以及风险发生后的快速响应。通过定期召开风险评估会议,管理团队可以及时了解项目中存在的潜在威胁,并根据风险评估的结果制定相应的预防措施。同时,制定针对性的应急预案能够在风险事件发生时,迅速启动应急响应,最大限度地减少风险带来的损失。此外,管理团队还需加强与各方的沟通与协作,包括业主、承包商、供应商等,共同构建风险防范的坚固防线。

4. 资源优化分配与团队协作强化

施工进度管理的另一项关键任务是达成资源的合理分配与增强团队协作。在资源受限的背景下,管理团队需深思如何有效分配人力、物力和财力,以实现施工效率的最大化。这涉及对每项资源的细致分析,确保其被分配到最能发挥效用的地方。例如,对于人力资源,应根据工人的技能和专长进行任务分配,使人尽其才;在物力资源方面,要确保材料和设备的供应既能满足施工需要,又不造成浪费;对于财力资源,要进行严格的预算控制,避免不必要的开支。同时,强化团队协作在施工进度管理中也至关重要。团队成员间的有效沟通与协作能够显著提升工作效率。为此,管理团队应定期组织团队建设活动,以增强团队成员间的相互了解和信任。此外,明确的任务分工与责任界定也是提升团队协作效率的关键。当每个团队成员都清楚自己的职责和目标时,施工人员就能更加专注和高效地完成任务。

(二)施工进度管理的常用方法

1. 施工计划的编制与跟踪

编制详细且实用的施工计划是施工进度管理的基石,它涉及工程项目的起始和结束时间、关键的里程碑节点及决定项目总工期的关键路径等核心要素。一份周全的施工计划不仅要明确各项任务的时间线和资源需求,还必须深入考虑可能出现的风险和不确定性,如天气变化、材料供应延迟或技术难题等。针对这些潜在障碍,计划中应包含有效的应对策略,如设置缓冲时间、备选供应商方案或技术难题的预先解决方案。施工计划的执行过程中,实时监控和持续更新同样重要。通过定期的进度审查,管理团队能够迅速识别实际施工进度与计划的偏差,从而及时调整资源分配、优化工序或采取其他必要的纠正措施。这种动态的管理方法确保了施工进度始终处于可控状态,即使面对突发情况,也能迅速做出反应,将影响降到最低。

2. 关键路径法(CPM)

关键路径法在项目管理中占据重要地位,它通过深入分析和精确计算项目内各个工序的开始与结束时间,以及工序间存在的逻辑关系,从而准确识别出项目的关键路径。这条关键路径,即项目中耗时最长的一连串工序,直接决定了项目的最短可能完成时间。掌握了关键路径,项目团队就能对项目的进度有一个清晰、全面的了解,进而制订出更为合理和高效的施工计划。关键路径的确定,不仅有助于项目管理者明确哪些工序对整个项目的进度影响最为显著,而且为施工人员提供了一个有效的监控和管理的焦点。集中资源和注意力,对关键路径上的活动进行严格的控制和管理,可以显著优化项目的整体进度,减少不必要的延误。此外,这种方法还有助于项目团队更好地应对可能出现的风险和不确定性,因为施工人员可以迅速识别出那些可能对项目进度产生重大影响的关键环节,并采取相应的应对措施。

3. 资源平衡法

资源平衡法在项目施工进度控制中发挥着举足轻重的作用。这一方法强调通过动态分配和调整项目中的各项资源,以达到优化施工进度、提高资源利用效率的目的。在施工过程中,合理配置施工人员、设备、材料等资源是确保项目进度顺利推进的关键。资源平衡法注重实时监控资源的使用情况,以便及时发现并解决资源配置中的问题。通过对比实际施工进度与计划进度,调整资源的投入,使之与施工进度相匹配。这种动态调整不仅有助于避免资源的闲置和浪费,还能确保关键施工环节得到足够的资源支持,从而保障项目的顺利进行。在实施资源平衡法时,需充分考虑资源的可用性、成本及运输等因素,以实现资源的最优配置。同时,与施工进度管理的紧密结合也是必不可少的,这有助于形成一个高效、协调的项目管理体系。

4. 信息化管理系统

信息化管理系统在施工进度控制中发挥着越来越重要的作用。该系统利用先进的计算机技术和信息管理手段,能够实时监控项目的进展情况,确保施工进度始终在掌控之中。构建项目信息化管理系统,不仅能够对工程进度的实时变化进行追踪,还能对这些数据进行深入的分析,从而为项目管理团队提供有力的决策支持。这种信息化管理系统的优势在于其数据处理的准确性和高效性。系统能够自动收集、整理和分析大量的施工数据,避免了传统方法中可能出现的数据误差和延迟。同时,其操作简单易懂,即使是非专业的计算机用户也能快速上手,这大大降低了使用门槛,提高了管理效率。此外,信息化管理系统还能提供及时的反馈机制。一旦施工进度出现偏差或问题,系统能立即发出警报,提醒管理团队及时采取措施进行调整。这种即时的反馈机制有助于减少潜在的风险和损失,确保项目能够按照预定的计划顺利进行。

5. 会议协调与进度评估

项目进度会议在施工进度管理中占据重要地位。工地例会、专题协调会等形式的会议,为项目各参与方提供了一个高效的沟通平台。通过这些会议,各参与方能够及时了解并协调彼此间的进度关系,针对施工中出现的问题进行深入的探讨。这种定期的沟通机制不仅有助于增进各方之间的理解与信任,更能确保施工过程中的问题得到及时有效的处理。同时,项目进度会议还是评估和调整施工计划的关键环节。根据项目的实际进度情况,会议参与者可以共同讨论并调整后续的施工计划,以确保项目能够按照预定的时间节点顺利推进。这种灵活性和适应性是施工进度管理中不可或缺的一部分,它能够帮助项目团队应对各种突发情况和挑战,保证项目的稳定性和连续性。

三、资源调配的基本原理与方法

(一)资源调配的概念与任务

1. 资源调配的概念

资源调配在项目管理中占据着举足轻重的地位,它是一个复杂而精细的过程,需要在一定的约束条件下对各种资源进行有效的配置和优化。这个过程涵盖了人力、物力、财力、技术、时间等关键资源的合理分配与高效利用,旨在确保项目的平稳推进并实现综合效益的最大化。资源调配不仅关乎项目的成本效益,更直接影响到项目的整体进度和最终质量。在项目管理中,合理的资源调配能够确保项目所需资源的及时供应和有效利用,避免资源短缺或浪费而导致的项目进度延误或成本超支。通过科学的资源调配策略,项目管理团队可以更好地平衡资源的供需关系,提高资源的利用效率,从而在保证项目质量和进度的同时,实现对项目成本的有效控制。此外,资源调配还涉及对资源的风险评估和管理。项目管理团队需要密切关注资源市场的动态变化,及时识别和应对潜在的资源风险,以确保项目的稳定性和可持续性。在这个过程中,项目管理团队需要运用专业的项目管理知识和实践经验,制定出切实可行的资源调配方案,为项目的成功实施提供坚实的资源保障。

2. 资源调配的主要任务

资源调配在施工进度管理中扮演着举足轻重的角色,其主要任务涵盖了多个方面。首要任务是识别和确定项目所需资源的种类与数量,这要求对项目进行深入分析,明确哪些资源是必需的,以及每种资源的需求量。其次,资源的可用性和需求也是分析的重点,这涉及对现有资源的评估和对未来资源需求的预测,从而确保项目在任何时候都能获得所需的资源。制订资源计划是资源调配的另一关键环节,它要求根据项目的具体情况和资源需求,制订出详细且实用的资源使用计划。这个计划需要考虑到资源的来源、质量、成本及运输和储存等诸多因素,以确保资源的合理配置和使用。最后,确保资源在项目实施过程中的及时供应和有效利用也是至关重要的。这要求与供应商建立良好的合作关系,确保资源的稳定供应,并通过合理的资源管理和利用策略,减少浪费,提高效率。

3. 资源调配的策略与方法

在进行资源调配时,制定合适的策略并选择合适的方法至关重要。这涉及确定资源的优先级,即根据项目需求和紧急程度来安排资源的分配顺序。通过明确资源的优先级,确保关键资源和紧急任务得到优先保障,从而提高项目的执行效率和成功率。同时,预测可能出现的资源风险也是资源调配的重要环节。项目管理团队需要密切关注市场动态、供应链情况及其他可能影响资源供应的因素,及时发现并应对潜在的资源风险。为此,可以制定多种应对措施,如建立备选供应商体系、储备关键资源等,以确保资源的稳定供应。除此之外,资源调配还需要根据实际情况进行灵活调整。项目实施过程中可能会出现各种变化,如需求变更、进度延误等,这些都需要项目管理团队根据实际情况及时调整资源计划。

4. 资源调配的监控与优化

在项目实施过程中,对资源调配进行持续的监控和优化是至关重要的。这一环节涉及定期检查资源的供应和使用状况,确保资源的流动与项目需求保持同步。同时,对资源利用效率的评估也是不可或缺的一部分,它有助于识别出资源浪费或配置不当的问题,从而及时进行调整。为了应对项目实施过程中可能出现的各种问题,及时调整资源计划尤为重要。这种灵活性不仅能够帮助项目团队迅速适应变化,还能有效规避资源问题所导致的进度延误或质量下降。通过持续的监控和优化,项目团队可以更加精准地掌握资源的流向和利用情况,进而做出更加科学合理的调配决策。这种精细化管理不仅有助于提升资源的利用效率,还能在全局上优化项目的执行效率和质量。

(二)资源调配的方法

1. 人力资源调配

在道路桥梁工程中,人力资源的重要性不言而喻,它被视为工程推进的核心要素。人力资源调配的策略在这里尤为重要,其中主要的方法便是合理安排施工人员的数量和岗位任务。这一安排并非一成不变,而是要根据施工进度和各环节对技能的不同要求,进行动态调整。具体来说,当工程进入施工高峰期,对劳动力的需求自然增加。此时,增加劳动力投入,可以确保工程在关键时刻得到足够的支持,从而保持施工进度的稳定推进。而在非关键阶段,如一些辅助性工作或施工间隙,人员需求可能会相对减少。这时,适当减少施工人员,不仅可以避免人力资源的浪费,还能降低工程成本,提高整体效益。除了数量上的调整,岗位任务的分配也是人力资源调配的关键。不同的施工阶段和环节对技能的要求各不相同,因此,根据施工人员的专业技能和经验,合理分配岗位任务,能够最大限度地发挥施工人员的优势,提高工作效率。

2. 机械设备调配

机械设备在道路桥梁工程中占据重要地位,是施工过程中的关键资源。针对工程的具体情况和机械设备的特点,合理选择和配置施工所需的设备尤为重要。例如,在处理大型土方工程时,挖掘机、装载机等重型设备因其高效、大功率的特性而成为首选,能够显著提升施工效率。而对于需要精细操作的施工环节,则应选择小型、精密的机械设备,以确保施工质量和精度。为了进一步优化机械设备的利用,共享和轮换等方式被广泛应用。机械设备共享能够在多个施工队伍或项目之间实现资源的合理分配和利用,避免设备闲置和浪费;而设备轮换则能够确保每台设备都得到充分的利用和保养,延长设备的使用寿命,同时减少设备疲劳而引发的安全风险。在机械设备调配过程中,还需充分考虑设备的运输、安装、调试等环节,确保设备能够及时准确地投入到施工中。此外,对机械设备的维护和保养也不容忽视,定期的检查和维修能够确保设备的良好状态,提高施工效率和安全性。

3. 材料资源调配

材料资源在道路桥梁工程建设中扮演着至关重要的角色,它们是构成工程实体的物质基础。为了确保施工过程的顺利进行,合理的材料资源调配策略显得尤为重要。根据工程的进度和材料供应的实际情况,项目管理者需要精心选择和储备所需的各类材料。例如,对于水泥、钢筋等大量使用的关键材料,提前进行采购和储备不仅能够保障施工的连续性,还能有效避免材料短缺而导致的工期延误。合理的采购计划和储备策略,可以确保材料供应的稳定性,为工程的顺利推进奠定坚实基础。此外,物料搬运和堆放方式的选择同样关乎材料资源的利用效率。合理搬运和堆放能够减少材料的损耗和浪费,提高材料的使用效率。同时,也有助于保持施工现场的整洁和安全,降低发生安全事故的概率。

4. 技术资源调配

技术资源在道路桥梁工程中发挥着举足轻重的作用,涵盖了施工技术、设计方案及专利技术等关键要素。这些技术资源的合理调配,对于确保工程质量、提升施工效率具有至关重要的意义。

在施工过程中,根据工程的具体需求和实际情况,选择合适的技术方案显得尤为重要。例如,在面对复杂多变的地质条件时,必须采用针对性的施工技术或特殊材料,以确保工程的稳定性和安全性。这要求工程团队具备丰富的技术储备和灵活的应变能力,能够根据实际情况做出迅速而准确的决策。此外,设计方案作为工程施工的蓝图,其科学性和合理性直接关系到工程的成败。因此,在选择设计方案时,必须充分考虑工程的特点、施工条件及潜在的风险因素,确保方案的可行性和优化性。

5. 资金资源调配

资金在道路桥梁工程中起着举足轻重的作用,它是确保工程顺利进行的关键因素。资金资源的调配涉及合理预算和精确分配项目资金,旨在保证各项费用能够合理且有效地使用。这要求对施工过程中产生的各项费用进行严格把控,无论是材料采购、人力成本,还是设备租赁和其他相关开支,都必须经过精心的预算和合理的分配。在资金使用过程中,要时刻警惕资金浪费的现象,确保每一分钱都能产生最大的效益。同时,也要预防资金短缺的风险,避免资金不足而导致的工程进度受阻。为此,项目管理团队需要密切关注资金流动情况,定期进行资金状况的分析和评估。另外,资金预算和分配方案并非一成不变。随着工程的推进和实际情况的变化,可能需要对资金预算进行相应的调整。这种灵活性是确保工程顺利进行的关键,它要求项目管理团队具备敏锐的市场洞察力和高效的决策能力。

四、道路桥梁工程施工进度与资源调配的协同策略

(一) 施工进度与资源调配的关系

1. 施工进度对资源调配的影响

施工进度与资源需求和调配之间存在着紧密的联系。施工进度的快慢、各个阶段的先后顺序,都会直接影响到所需资源的种类、数量及调配的时机。这种关联性是施工管理中不可忽视的重要因素。在各个施工阶段,资源的需求量和种类都会发生显著变化。例如,在基础施工阶段,土方开挖、混凝土浇筑等作业需要大量的建筑材料,如砂石、水泥等,同时重型设备如挖掘机、混凝土搅拌车等也是必不可少的。这一阶段对资源的调配的要求是高效、及时,以确保基础施工的顺利进行。而随着工程的推进,进入装修阶段后,资源需求则转向技术工人和精细材料。技术熟练的装修工人成为这一阶段的关键资源,同时各种装修材料如瓷砖、涂料、五金配件等的需求也逐渐增加。

2. 资源调配对施工进度的保障

合理的资源调配对于施工进度的保障至关重要。在道路桥梁工程中,无论是材料、设备还是人力资源,都是施工进度得以按计划推进的关键因素。资源调配不当,如材料供应不足、设备故障频发或人力短缺等问题,都会严重影响施工进度,甚至可能导致工程停滞不前。科学的资源调配策略能够确保施工所需资源在关键时刻及时到位,从而避免工期延误的风险。这需要项目管理团队对施工过程中的资源需求有深入的理解和准确的预测,以便提前做好准备和应对。同时,与供应商、租赁公司等合作伙伴建立良好的

沟通机制和合作关系,也是确保资源及时供应的重要一环。除了及时供应资源外,合理的资源调配还包括对资源的优化配置和高效利用。合理分配人力、物力和财力等资源,可以最大化地提高施工效率,减少资源浪费,从而进一步保障施工的顺利进行。

3. 施工进度与资源调配的协调优化

在实际施工过程中,施工进度和资源调配之间的协调与优化是一个持续且复杂的过程。随着施工进度的变化,资源调配计划必须随之灵活调整,以确保二者始终保持高度匹配。这种动态的协调过程对项目管理人员提出了极高的要求,施工人员不仅需要具备丰富的施工管理经验,还需拥有出色的应变能力。面对施工进度的突然变化,如天气、材料供应或其他不可预见因素导致的延误,项目管理人员需要迅速评估现状,并根据实际情况调整资源调配计划。这可能涉及重新分配施工人员、调整设备使用计划或更改材料采购策略等。在这一过程中,管理人员必须保持冷静,准确判断哪些资源可以重新分配,哪些需要新增,以及哪些可能暂时闲置。此外,与施工团队的紧密沟通也是至关重要的。项目管理人员需要实时了解施工一线的需求和挑战,确保资源调配不仅符合施工进度的要求,还能有效应对现场可能出现的各种突发状况。

4. 施工进度与资源调配的风险控制

施工进度和资源调配作为项目管理的两大核心,都不可避免地伴随着风险。供应链中断、市场价格波动、材料或施工质量问题等风险因素,都可能对施工进度和资源调配产生深远影响。因此,在项目规划阶段,就必须对这些潜在风险进行全面评估,并将其纳入施工进度和资源调配的考虑中。针对供应链中断的风险,项目管理团队需要建立稳定的供应商网络,并保持与施工人员的紧密沟通,以便在出现问题时能够迅速做出反应。同时,多元化采购渠道可以降低对单一供应商的依赖,从而减少供应链中断对项目的影响。对于价格波动,项目团队需要密切关注市场动态,制订合理的材料采购计划,并在合同中明确价格调整机制,以应对可能的市场变化。在质量问题上,严格的材料验收和施工质量控制流程是必不可少的。

(二)协同策略的实施步骤

1. 制订施工进度计划

在道路桥梁工程中,制订详细的施工进度计划是确保项目按期完成的关键。这一计划的制订必须基于工程的规模、复杂度及工期要求,以确保其科学性和实用性。施工进度计划中,应清晰列出各个施工阶段的具体任务,如基础施工、主体结构建设、装修工程等,并设定明确的时间节点,使每一项任务都能在规定的时间内完成。此外,确定关键路径至关重要。关键路径是指一系列决定项目总工期的任务序列,对于控制施工进度具有决定性的影响。明确关键路径,可以更加有效地进行资源调配和时间管理,确保项目的顺利进行。同时,施工进度计划的制订还需充分考虑潜在的风险和延误因素。天气变化、材料供应延迟、劳动力短缺等都可能成为影响施工进度的因素。因此,在计划阶段就应制订相应的应对措施,如建立应急储备金、与多家供应商建立合作关系以确保材料供应的稳定性、加强劳动力管理等,以应对可能出现的风险和挑战。

2. 分析资源需求与调配

在制订施工进度计划的过程中,对工程所需资源进行深入分析是不可或缺的一环。这涵盖了人力、物资、机械设备、技术和资金等多个方面，每个方面都对工程的顺利进行至关重要。人力资源的配置要确保施工队伍的专业性和数量满足施工需求；物资资源的分析则涉及对材料种类、规格和数量的准确把握，以保障施工的连续性。机械设备方面，需根据工程特点选择合适的设备，并确定其数量和进场时间，以提高施工效率。技术资源的评估包括对施工工艺、技术方案的选择和优化，以提升工程质量。资金资源的计划则要确保工程款项的合理分配和及时支付，以维持项目的经济运转。基于施工进度计划，项目团队需明确每个施工阶段所需的资源类型及其数量，并据此制订详尽的资源调配计划。这一计划的制订，不仅要求项目内部团队的紧密协作，更需要与外部的供应商、租赁公司等保持频繁的沟通与协调。

3. 建立协同机制

施工进度与资源调配的协同是道路桥梁工程施工管理的核心环节，其关键在于建立并执行一套有效的协同机制。这套机制应涵盖定期召开的施工进度与资源调配协调会议，这样的会议为项目各方提供了一个交流的平台，可以就施工进度、资源使用状况及遇到的问题进行深入讨论，并寻求及时有效的解决方案。会议的参与者应包括项目管理人员、施工人员、资源供应商等关键利益相关者，以确保信息的全面性和决策的科学性。同时，信息共享平台的建立也是协同机制中不可或缺的一部分。通过这一平台，项目各方可以实时获取施工进度、资源调配的最新信息，从而根据实际情况做出迅速而准确的调整。信息共享不仅提高了工作的透明度和效率，还有助于减少信息传递中的失真和延误，对于保障施工进度与资源调配的紧密配合具有至关重要的作用。

4. 监控与调整

在施工过程中,对施工进度的密切关注和对资源使用情况的实时监控是项目管理的关键环节。这需要项目管理团队建立一套有效的监控和评估机制,以便及时获取施工进度和资源使用的准确数据。通过定期的现场检查、数据收集和比对分析,项目管理团队可以全面了解施工的实际情况,以及资源是否被合理高效地利用。一旦发现施工进度滞后,如实际完成工程量低于计划,或者资源使用出现偏差,如材料消耗过快、机械设备利用率低等,项目管理团队必须迅速做出反应。这可能涉及增加资源投入,如增加施工人员、加班加点、补充关键材料等,以确保施工进度能够迎头赶上。同时,也需要审视并优化施工流程,消除不必要的环节和浪费,提高工作效率。此外,当实际施工进度与原计划有较大出入时,项目管理团队还需要考虑调整施工进度计划本身。

5. 总结与反馈

工程完工后,对施工进度与资源调配协同策略的总结和反馈至关重要。这一环节不仅能帮助人们深入了解整个施工过程中存在的问题和不足,更能为未来工程项目提供宝贵的经验和教训。在总结过程中,需要全面分析施工进度与资源调配的实际情况,对照计划目标,找出差距和原因。可能存在的问题包括施工进度延误、资源调配不当、信息共享不畅等。针对这些问题,需要提出具体的改进措施和建议,如优化施工进度计划、加强资源调配的灵活性和预见性、完善信息共享机制等。同时,还要关注施工过程中的协同效率和效果,评估协同策略对工程项目的影响。通过对比分析,明确协同策略的优势和不足,从而在未来的工程项目中加以改进和应用。

第二节　施工过程中的安全与环保措施

一、道路桥梁施工安全与环保措施的重要性

(一)保障人员生命安全

在道路桥梁施工过程中,严格遵守安全规定和采取必要的防护措施是至关重要的。这样做能够极大地降低工伤事故的发生概率,从而保障施工人员的生命安全,这也是施工安全的首要目标和企业的社会责任所在。同时,合格的安全装备也是必不可少的,如安全带、安全帽、防护眼镜等,这些装备能够在关键时刻保护施工人员的生命安全。除此之外,规范的施工现场管理也是确保施工安全的关键。施工现场必须保持整洁有序,避免杂乱无章的情况,以减少安全隐患。同时,要合理安排工作时间和休息时间,避免施工人员因疲劳过度而发生安全事故。对于高处作业、重物搬运等高风险环节,更要加强管理和监督,确保施工人员严格按照操作规程进行作业。

(二)确保工程进度与质量

施工安全是道路桥梁工程中的重中之重,其重要性远超一般人的想象。每一次安全事故,都可能导致人员的伤亡,这种无法挽回的损失是任何工程成果都无法弥补的。同时,安全事故的发生还往往伴随着工程的停工整顿,这不仅会打乱原有的施工计划,造成时间和资源的浪费,更可能因延误工期而面临合同违约的风险。此外,安全事故还可能引发一系列的法律纠纷和赔偿问题。一旦

发生事故,受害方或其家属很可能会提起诉讼,要求赔偿事故造成的损失。这不仅会增加工程的成本,还会给工程带来负面的社会影响。因此,从经济、法律和社会责任多个角度来看,保障施工安全都是至关重要的。

(三)维护企业声誉与形象

良好的施工安全记录对于施工企业来说具有无法估量的价值。在建筑行业,安全是金字招牌,是企业声誉和形象的重要组成部分。保持施工现场安全的企业,无疑会向业主、合作伙伴及社会公众展示出其高效的管理能力、专业的技术水平和强烈的社会责任感。这种稳健可靠的形象,使企业在承接工程项目时具有更大的竞争优势,因为业主和合作伙伴更倾向于选择那些能够确保施工安全、避免不必要风险的企业。在竞争激烈的市场环境中,良好的施工安全记录就像是一张亮丽的名片,能够让企业在众多竞争者中脱颖而出,赢得更多的市场机会。而这种信任,不仅仅是对企业技术和管理的认可,更是对其企业文化和价值观的肯定。

(四)促进可持续发展与环保

环保措施在道路桥梁施工中的重要性不容忽视。在施工过程中,采取有效的环保措施可以减少噪声、扬尘、废水和固体废弃物的污染,从而有力地保护周边的自然环境。这种保护不仅体现在对自然资源的节约利用,更表现在对生态环境的细心呵护上。施工企业积极实施环保措施,还能显著减少对周边居民生活的不良影响。例如,降低施工噪声和减少扬尘的产生,可以让居民在更加宁静、清洁的环境中生活,从而提升居民的生活质量。同时,注重环保也是响应当今社会绿色、环保的倡导,体现了企业的社会责任和环保意识。这不仅有助于提升企业的社会形象,还能促进企业实现可持续发展。在日益严峻的环境问题面前,采取环保措施的企业将更有可能在未来的竞争中占据优势地位。

(五)满足法律法规与社会责任

施工安全与环保法规的严格遵守是企业不可推卸的社会责任。法律是社会的底线,更是企业行为的指南。在建筑工程领域,安全与环保的法规是确保项目顺利进行、保护员工生命健康及维护生态平衡的重要保障。随着时代的进步,施工安全与环保的法规不断完善,对施工企业的要求也日益严格。这既是对企业技术和管理水平的考验,也是其社会责任感的体现。企业唯有严格遵守这些规定,才能确保工程的顺利进行,避免违规操作而引发的安全事故和环境污染。在激烈的市场竞争中,企业要想立于不败之地,就必须树立高度的法治意识和责任意识。只有依法施工、绿色施工,才能赢得业主、合作伙伴及社会公众的信任和尊重。这种信任和尊重是企业宝贵的无形资产,能够为企业带来更多的商业机会和合作伙伴。

二、道路桥梁施工安全措施

(一)施工前的安全规划与准备

在施工之前,细致而周全的安全规划与准备是不可或缺的。施工团队必须精心制订一套详尽的安全计划,其中不仅要明确安全施工的具体目标,更要指定责任人,确保每一个环节都有专人负责。这样,一旦发生安全问题,便能迅速定位问题源头,并采取有效措施加以解决。此外,对施工人员进行全面的安全教育和培训也至关重要。安全操作规程是施工中的"红线",必须严格遵守。通过培训,施工人员能够深刻理解并熟练掌握这些规程,从而在施工过程中做到心中有数、手中有度,有效避免安全事故的发生。当然,安全设施和设备也是保障施工安全的重要物质基础。施工前,必须对这些设施和设备进行严格的检查和准备,确保其状态完好、性能稳定。一旦发现问题,应立即进行修复或更换,以确保其在施工过程中能够发挥出应有的作用。

(二)施工现场的安全防护与管理

在施工现场,安全防护措施的实施至关重要。为确保施工安全,必须采取一系列有效的措施。搭建牢固的安全围栏是首要任务,这不仅能够隔离施工区域,防止非施工人员误入,还能减少外界因素对施工的干扰,确保施工顺利进行。同时,在施工现场的关键区域和潜在危险点,设立明显的安全警示标志也至关重要。这些标志通过醒目的颜色和图案,提醒现场人员注意安全,增强施工人员的安全意识。此外,保持施工现场的整洁和有序同样不容忽视。一个杂乱无章的施工现场不仅影响工作效率,还可能隐藏着诸多安全隐患。因此,必须加强对施工现场的管理,确保各类材料和设备有序摆放,减少堆放不当引发的安全事故。为了及时发现和排除安全隐患,定期的安全检查也是必不可少的。通过检查,及时发现施工现场存在的问题,如设备故障、违规操作等,从而采取相应措施加以解决。这不仅有助于预防安全事故的发生,还能提升施工现场的安全管理水平。

(三)施工机械设备的安全使用与维护

在道路桥梁施工中,机械设备的安全使用是至关重要的环节。

这些设备作为施工的重要工具,其操作与维护必须严格遵循专业标准。确保机械设备操作人员经过专业培训,并持有相关资格证书,是保障施工安全的首要任务。通过专业培训,操作人员能够熟悉设备的性能、操作方法和安全要求,从而在工作中做到得心应手,避免因操作不当引发安全事故。此外,定期对机械设备进行检查和维护同样不可或缺。这包括对设备的外观、内部结构、性能等进行全面检查,及时发现并解决潜在问题。同时,还要对设备进行必要的润滑、紧固和更换易损件等,确保设备始终处于良好的工作状态。在使用过程中,严格遵守安全操作规程是避免安全事故的关键。操作人员应严格按照设备说明书和安全操作规程进行操作,不得随意更改设备的参数或进行违规操作。此外,施工现场还应设置明显的安全警示标志,提醒人员注意机械设备的安全使用。

(四)应急处理与事故预防

尽管已经采取了多种安全措施,但施工现场仍存在着不可预见的风险,事故仍有发生的可能性。因此,建立完善的应急处理机制显得尤为重要。制定详细的应急预案是应急处理机制的核心。这一预案需明确应急处理的具体流程,包括事故发生后的初步应对措施、现场人员的疏散和救援程序,以及后续的事故调查和报告等环节。同时,预案中还应明确各责任人的职责,确保在紧急情况下能够迅速响应,有效应对。此外,定期组织应急演练是提高施工人员应急反应能力的关键。模拟真实的事故场景,让施工人员亲身体验应急处理过程,从而加深对预案的理解和掌握。演练结束后,还应及时总结经验教训,不断完善预案内容和处理流程。同时,对施工过程中可能发生的事故进行预防和分析也是必不可少的。通过对历史事故案例的梳理和分析,找出事故发生的规律和原因,从而针对性地制定预防措施。此外,还应定期对施工现场进行安全评估,及时发现并消除潜在的安全隐患。

三、道路桥梁施工环保措施

(一)减少大气污染

在道路桥梁施工中,减少大气污染是一项至关重要的环保措施。选用低挥发性材料是减少大气污染的有效手段之一,这能够显著降低挥发性有机物的释放,进而减轻对大气的污染负荷。此外,施工现场应配备喷淋装置,控制湿度以有效减少扬尘的产生。特别是在干燥多风的季节,喷淋装置能够发挥更大的作用,增加空气湿度,使扬尘颗粒沉降,从而大幅减少空气中的颗粒物含量。同时,定期清理施工现场也是减少大气污染的关键措施之一。施工现场常常会产生各种废弃物和积尘,如果不及时清理,很容易被风吹散,造成二次污染。因此,施工团队应制订科学的清理计划,定期清理施工现场,保持现场环境的整洁。这不仅有助于减少大气污染,还能提升施工形象,展现企业的环保责任。

(二)水污染防治

在道路桥梁施工中,水污染防治是至关重要的一环。施工期间,不可避免地会产生污水,因此,建立专门的施工污水采集和处理系统成为必要之举。这一系统通过科学的流程设计,能够高效地收集和处理污水,确保其在排放前达到环保标准,从而保护周边水体的生态环境。为了进一步减少施工对水资源的负面影响,合理的施工排水措施同样不可或缺。精心规划的排水方案可以有效减少水土流失,维护地表的稳定性,从而保护周边水体的清澈与纯净。此外,雨水采集和净化处理也是至关重要的工作。在施工中,设置雨水收集设施,可以对雨水进行有效利用,减少对自然水资源的依赖。同时,通过净化处理,去除雨水中的污染物,降低其对周边水体的污染压力,为生态环境的可持续发展贡献力量。

(三)噪声控制

在道路桥梁施工过程中,噪声污染问题备受关注,必须采取一系列有效的噪声控制措施,以减轻对周边环境和居民的影响。施工现场应设立防噪声屏障,这是一种非常实用的噪声阻隔方法。合理设置屏障,可以有效地阻挡噪声的传播,降低噪声对周围环境的影响。同时,针对高噪声设备,应在其周围设置吸音设施。这些设施能够吸收噪声声波,降低噪声的强度和传播范围,从而进一步改善施工环境。此外,合理安排施工时间也是减少噪声污染的关键措施之一。施工单位应尽量选择在白天进行施工,避免在夜间进行高噪声作业,以减少对居民休息的干扰。在特殊情况下,如必须进行夜间施工,应提前告知周边居民,并尽可能采取降噪措施,以降低噪声对居民的影响。

(四)废弃物管理

废弃物管理是道路桥梁施工中不可或缺的环保环节。在施工过程中,会不可避免地产生大量废弃物,包括废渣、废旧材料及生活垃圾等。这些废弃物若处理不当,不仅会占用宝贵的土地资源,还可能对环境和人体健康构成严重威胁。因此,建立一套完善的废弃物管理制度至关重要。具体而言,需要对废弃物进行严格的分类收集,确保可回收与不可回收的废弃物得到有效分离。这样,可回收的废弃物可以进一步得到资源化利用,减少对新资源的需求;而不可回收的废弃物则可以通过科学的方式进行安全、环保的处理,防止对环境造成进一步污染。同时,废弃物的运输和处置方式也需要得到合理安排。运输过程中应确保废弃物不会泄漏、散落,以免对沿途环境造成不良影响。而在处置环节,应选择符合环保标准的处理方式,如焚烧、填埋或资源化利用等,确保废弃物得到无害化处理。

(五)生态保护与恢复

在道路桥梁施工过程中,生态保护与恢复工作的重要性不容忽视。施工前,对施工区域的生态环境进行详细评估至关重要,这有助于全面了解当地的生态环境状况,为后续的施工提供科学指导。在施工过程中,应采取一系列必要的保护措施,以最小化对生态环境的破坏。例如,设置生态保护区,能够有效保护施工区域内的珍稀物种和生态系统;同时,减少不必要的树木砍伐,能够保持施工区域的生态平衡。施工结束后,生态恢复工作同样不可或缺。植树造林、恢复植被等措施,不仅有助于改善施工区域的生态环境,还能促进生态系统的恢复和重建。

四、安全与环保措施的协同实施

(一)建立综合管理体系

在道路桥梁施工中,安全与环保的综合管理体系是确保两者协同发展的关键所在。这一体系应紧密结合工程的具体特点,明确设定安全与环保的明确目标、基本原则、实施流程和组织架构,以提供明确的指导和规范。通过制定详尽的管理制度与操作规程体系,确保施工过程中的各项安全与环保措施得到切实有效的执行。无论是安全设施的设置、安全检查的频率，还是环保材料的选用、污染物的处理，都需要严格按照规定进行，确保每一项工作都符合标准。此外，培训与宣传同样不可忽视。加强安全环保知识的培训，增强全体人员的安全意识与环保意识，确保每一位员工都能深刻理解并自觉遵守相关规定。同时，通过各种形式的宣传，形成全员参与、共同维护安全与环保的良好氛围，让安全与环保的理念深入人心。

（二）整合资源与信息共享

实现安全与环保措施的协同，是一个需要精心策划与实施的过程，它要求充分整合各类资源，确保安全与环保工作得到全面而有效的支持。在这一过程中，人力、物力、财力等资源的合理配置至关重要。通过科学规划，将有限的资源投入到最关键、最需要的领域，确保安全与环保工作得以顺利开展。同时，建立信息共享机制是实现安全与环保协同的关键环节。通过这一机制，各部门之间可以实时传递安全与环保的相关信息，确保信息的准确性和时效性。这不仅有助于各部门迅速了解当前的安全与环保状况，还能够针对问题及时做出反应，采取有效措施加以解决。这种信息与资源的共享，不仅提高了安全与环保工作的效率，还增强了其效果。通过协同合作，各部门可以形成合力，共同应对安全与环保挑战。这不仅可以减少资源浪费，还能提高解决问题的速度和质量，为道路桥梁施工的顺利进行提供有力保障。

（三）强化风险评估与预防

在道路桥梁施工中，风险评估机制的强化对于确保安全与环保至关重要。施工团队应对可能影响安全与环保的各种因素进行全面而深入的分析,这包括材料选择、施工工艺、环境因素及人员操作等各个方面。通过科学的风险评估,更加清晰地了解潜在的安全隐患和环境污染风险,为后续的施工决策提供有力依据。为了降低潜在风险的发生概率,需要制定针对性的预防措施。这些措施可能涉及改进施工工艺、优化材料选择、加强人员培训等多个方面。实施这些措施,可以有效减少施工过程中可能出现的安全事故和环境污染问题,保障施工顺利进行。同时,应急预案的建立同样不可或缺。在突发情况下,应急预案的迅速启动能够最大限度地减轻事故对安全与环境的影响。应急预案应包括明确的应急响应流程、救援队伍的组织与调度、资源保障措施等内容,确保在事故发生时能够迅速有效地进行处置。

(四)持续监控与改进

安全与环保措施的协同实施是一项需要长期关注与努力的任务。为了确保这些措施能够真正发挥作用,持续的监控和改进是不可或缺的。通过定期的检查和评估,及时发现问题,从而采取针对性的纠正措施,防止问题扩大化。这一过程中,每一个环节都不能忽视,因为安全与环保的每一个环节都紧密相连,任何疏忽都可能带来严重后果。除了问题的纠正,还应积极引进先进的技术和设备,以提高安全与环保的管理水平和效率。这些新技术和设备不仅能够更好地监测和控制安全与环保状况,还能减少人为因素的干扰,提高工作的准确性和可靠性。然而,仅仅依靠技术和设备是不够的,还需要不断地改进和创新。安全与环保工作是一个动态的过程,随着施工环境的变化和新的挑战的出现,需要不断地调整和完善措施,以适应新的情况。

第四章 BIM 技术在建筑工程施工 与道路桥梁建设中的应用

第一节 BIM 技术在道路桥梁设计 与施工中的优势与实践

一、BIM 技术在道路桥梁工程中的应用背景

（一）工程设计的可视化需求

传统的道路桥梁设计长期依赖于二维图纸，设计师在平面上展示复杂的三维空间关系，这在一定程度上束缚了施工人员的表达。二维图纸虽然能够提供详细的尺寸和数据，但在呈现设计的整体形态和空间布局方面存在局限。这种方式的不足在于，它难以直观地展现设计的全貌，容易导致理解上的偏差。BIM 技术的引入，彻底改变了这一现状。通过 BIM 的三维建模功能，设计师能够创建出逼真的三维模型，将设计方案以更为直观、可视化的方式呈现出来。这不仅使设计师的意图更为清晰地传达给施工人员和业主，也大大提高了沟通的准确性和效率。三维模型允许各方更全面地了解设计的细节，包括结构的复杂性、空间的布局及材料的运用等，从而在项目初期就能发现并解决潜在的问题。因此，BIM 技术的可视化特点极大地增强了设计师的表达能力，减少了

对二维图纸理解不当而造成的沟通误差。

(二)提高设计精度与效率的需求

道路桥梁工程对设计精度的严苛要求使每一项设计细节都至关重要,因为即便是微小的误差,也可能引发连锁反应,最终导致结构的失稳甚至安全事故。在这一背景下,BIM 技术的引入成为提升设计精度的关键。通过构建精确的三维模型,BIM 技术使设计师能够在虚拟环境中对道路桥梁的每一个构件进行精细化的设计和定位。这种三维建模不仅提供了直观的设计视图,更重要的是,它能够确保各部件之间的精确配合,从而避免了传统二维设计中可能出现的误差。此外,BIM 技术的信息管理功能也极大增强了设计的准确性。所有设计数据都被整合到一个统一的信息模型中,这保证了数据的完整性和一致性,减少了信息传递中的损失和误解。而 BIM 的自动化和智能化特性,如自动碰撞检查功能,能够在设计阶段就及时发现并解决构件之间的冲突,防止了后期施工中可能出现的问题。参数化设计则进一步提高了设计效率,设计师只需调整关键参数,就能快速生成多种设计方案,从而选出最优解。

(三)全生命周期管理的需要

道路桥梁工程的全生命周期涵盖规划、设计、施工、运营和维护等多个关键环节。在这一系列过程中,信息的准确性和一致性至关重要,而 BIM 技术正是通过其集成化的数据管理和信息共享功能,为这些环节提供了无缝衔接的解决方案。BIM 技术建立了一个中心化的信息模型,该模型不仅包含了几何信息,还囊括了时间、成本和设施管理等多维度的数据。这使各个阶段的参与者都能在同一个平台上获取到准确、一致的信息,进而做出更为明智的决策。此外,BIM 技术的信息共享特性,确保了各阶段之间的顺畅过渡,避免了信息的重复输入和可能出现的误差。这种技术不仅优化了设计和施工流程,还使运营和维护更为高效。比如,在维护阶段,利用 BIM 模型可以迅速定位到需要维修或更换的部件,大大提高了维护的准确性和效率。

(四)多方协同工作的要求

道路桥梁工程是一个多方参与、高度协同的复杂系统,其中包括设计师、施工人员、供应商等。在传统的工程管理中,信息的传递和沟通往往存在诸多障碍,导致工作效率低下,甚至可能出现信息传递的延误和误差。然而,BIM 技术的引入彻底改变了这一现状。BIM 技术通过构建一个共享的信息平台,为所有项目参与方提供了一个实时、准确的信息交互环境。在这个平台上,设计师可以即时上传最新的设计数据,施工人员能够获取到最新的施工图纸和施工要求,供应商则可以提前了解到材料需求和规格,从而做好准备。这种信息的实时共享和更新机制,确保了项目各方能够基于最新的数据进行工作,大大提高了工作效率。同时,由于所有信息都是集中管理,且可以随时查看和修改,极大地减少了信息传递过程中可能出现的误差。

(五)行业数字化转型的趋势

数字化技术的迅猛发展为各行各业带来了前所未有的变革机遇,道路桥梁工程领域亦不例外。在这个浪潮中,BIM 技术以其独特的优势成为推动行业数字化转型的强劲动力。BIM 技术不仅实现了设计、施工、运营等全过程的数字化管理,更在提升效率、优化资源配置、减少浪费等方面展现出巨大潜力。在道路桥梁工程中，BIM 技术的应用意味着从设计之初到工程竣工，所有的信息都能被精确地捕捉、整合并管理。设计师可以利用 BIM 进行更精确的建模和模拟，预测并解决潜在问题；施工人员则能通过 BIM 获取准确的施工信息和指导，提高施工质量和效率。同时，运营和维护阶段也能通过 BIM 实现更高效的设施管理和维护计划。

二、BIM 技术在道路桥梁设计中的优势

（一）BIM 技术的可视化能力

1. 设计理念的直观展示

BIM 技术的可视化能力使复杂的设计理念能够以三维模型的方式生动且直观地呈现出来。在道路桥梁设计中，这一点尤为重要。由于道路桥梁的结构布局和空间关系复杂多变，仅凭二维图纸和文字描述往往难以全面、准确地传达设计师的意图。而 BIM 技术的可视化功能，不仅将设计理念以三维形式展现，还能模拟出实际建成后的效果，帮助项目团队、业主及其他利益相关者更清晰地理解设计的细节和整体构思。这种直观的展示方式极大地提高了沟通效率，确保了项目各方对工程的期望和目标有一个统一、明确的认识。此外，BIM 技术的可视化还允许设计师在设计阶段就进行多角度、全方位的审查，从而在设计初期发现并修正可能存在的问题，进一步提升了设计的精准度和可行性。

2. 高效的设计修改与优化

在传统的设计流程中，每次设计变动往往伴随着繁复的图纸重绘工作，不仅消耗大量时间，还容易因人为因素引入错误。但

BIM 技术彻底改变了这一局面,其强大的可视化功能让设计师能够在三维模型上直接进行修改操作,修改效果也随即呈现。这种即时反馈的设计模式显著提升了设计修改的效率和精确度。设计师现在可以在三维空间中直观地观察和调整设计元素,无需等待漫长的图纸绘制过程,从而大幅缩短了设计迭代的周期。此外,BIM 技术的这种即时可视化特性还使设计师能够在短时间内探索并比较多种设计方案,快速识别并优化设计中可能存在的问题。这不仅有助于提升设计质量,还能在设计初期就发现并解决潜在的设计冲突,为项目的顺利进行奠定坚实基础。

3. 精确的设计验证与冲突检测

在道路桥梁设计中,不同专业的交叉衔接复杂且关键,潜在的设计冲突可能导致严重的后果。传统方法难以在设计阶段全面揭示这些问题,而 BIM 技术的可视化能力为设计师提供了一种在设计早期进行精确验证和冲突检测的手段。通过 BIM,设计师可以在三维模型中精确地模拟实际的施工情况,包括结构、电气、管道等专业之间的交叉与衔接。这种模拟不仅展示了设计的整体效果,更重要的是能够暴露出那些在二维图纸中难以发现的设计冲突。例如,管道与结构构件的空间冲突、电气线路的布局问题等。利用 BIM 的可视化功能,设计师可以在设计初期就识别并解决这些问题,确保设计的合理性和施工的可行性。

(二)BIM 技术的仿真能力

1. 直观展现设计意图与效果

通过 BIM 技术的仿真能力,设计师得以构建出高精度的三维模型,这样的模型能直观地展示出道路桥梁的设计构想及其最终呈现效果。此种可视化的表达方式极大地帮助了设计师深入掌握设计的每一个细节,预测可能出现的问题,并在设计阶段就进行必要的调整。同时,这种三维模型的可视化不仅限于设计师的使用,项目相关的各方,包括业主、施工人员等,都能通过这种直观的方式更清楚地理解设计方案。这种展现方式打破了传统二维图纸的限制,使非专业人士也能轻松理解复杂的工程设计。更重要的是,BIM 技术的这种可视化特性极大地促进了项目各方之间的沟通和协作。各方可以在同一个三维模型上进行讨论和交流,共同对设计方案提出意见和建议,从而确保项目的顺利进行。这不仅提高了工作效率,也大大减少了沟通不畅而导致的误解和错误。

2. 提高设计分析的准确性

BIM 技术的仿真能力在道路桥梁设计中展现出了显著的优势,特别是在对各种设计分析的支持上。对结构强度、稳定性和交通流量等关键因素的分析,对于确保道路桥梁的安全性和功能性至关重要。通过 BIM 模型进行仿真分析,设计师能够在设计的早期阶段就对桥梁的承重结构进行全面的评估,确保其能够承受预期的荷载并保持稳定。同时,交通流量的仿真分析有助于设计师合理规划道路桥梁的通行能力,以满足未来的交通需求。这种基于 BIM 的仿真分析方法相较于传统的设计分析方法更为精确和高效。它能够在设计初期就提供有价值的反馈,帮助设计师及时发现并解决潜在的问题,从而提高设计的准确性和可靠性。此外,通过 BIM 技术进行的仿真分析还可以为施工方案的制定提供有力的数据支持,确保施工过程的安全性和可行性。

3. 优化设计方案与降低风险

BIM 技术的仿真能力为设计师提供了强大的支持,助力优化设计方案。通过该技术,设计师能够模拟多种设计场景与方案,直观对比各方案的优劣,从而精准选定最佳设计。这种能力不仅提升了设计的精准度,更确保了所选方案的科学性与合理性。同时,BIM 技术还能仿真模拟施工全程及道路桥梁的运营场景。这种模拟帮助设计师预见潜在风险,及时采取预防措施,显著提高了道路桥梁的安全性和稳定性。在施工过程中,通过模拟,有效规避可能的施工难题,减少不必要的返工和延误。在道路桥梁投入使用后,运营场景的模拟则有助于确保交通流畅,减少事故隐患。BIM 技术的这种优化设计方案与降低风险的能力,对提升道路桥梁设计的质量与效率至关重要。它不仅增强了设计师的决策依据,也为整个项目的顺利实施和长期安全运营提供了坚实的技术保障。

三、BIM 技术在道路桥梁施工中的优势

(一)BIM 技术的施工模拟能力

1. 施工方案的优化与验证

BIM 技术的施工模拟能力为道路桥梁施工带来了革命性的变革。在实际施工前,利用 BIM 技术对不同的施工方案进行模拟和比较,已成为提升施工效率和质量的关键。这种模拟不仅涵盖了施工顺序的优化,还涉及资源配置和施工方法的精细化调整。通过 BIM 模型,施工团队能够预测施工过程中的各个环节,确保资源的高效利用和施工流程的顺畅进行。更为重要的是,BIM 技术的施工模拟还能帮助团队发现潜在的问题和风险。例如,模拟过程中可能会暴露出某些施工环节的瓶颈,或是资源配置的不合理之处。针对这些问题,团队可以在施工前进行调整和改进,从而避

免在实际施工中遇到类似的困扰。这种前瞻性的优化不仅提升了施工方案的高效性,更保障了其可行性。

2. 风险管理与冲突解决

在道路桥梁施工中,不同施工阶段的交叉作业及多变复杂的施工环境,常常潜藏着风险和冲突。这些风险和冲突若不及时发现和处理,很可能导致工程延误、成本上升,甚至影响工程质量。BIM 技术的施工模拟功能在此背景下显得尤为重要,它能够帮助项目团队在施工前预测并精准识别出可能的风险点和冲突点。通过 BIM 技术的施工模拟,项目团队可以清晰地看到不同施工阶段的情况,及时发现可能的空间碰撞或时间重叠问题。比如,哪个施工阶段可能会出现设备或材料的碰撞,哪些工序在时间上可能产生冲突等。这种模拟不仅能让项目团队对施工过程有更全面的了解,更能帮助施工人员在实际施工前制定出更为合理、有效的施工方案。

3. 成本与时间的控制

利用 BIM 技术进行施工模拟,施工团队能够获得关于项目时间、材料和人力资源需求的更精确估算。这种预测的准确性源于 BIM 模型对道路桥梁细节的全面呈现,以及模拟过程中对各种施工活动的精细分析。有了这些精确数据,项目团队就能制订出更为合理的项目进度计划和成本预算。通过模拟分析,团队能够清晰地看到每一个施工阶段的资源需求和潜在瓶颈,从而提前做好资源调配和风险控制。这不仅有助于施工团队更好地控制项目进度,避免延误,还能确保成本预算的合理性,减少超支风险。同时,模拟过程中还能及时发现可能导致延误或超预算的问题,为团队提供预警和调整的机会。

（二）BIM 技术的施工管理能力

1. 精确的施工计划与模拟

BIM 技术以其强大的信息整合与可视化能力，为道路桥梁施工提供了前所未有的便利。根据施工需求，BIM 能够生成高度精确的施工计划，使施工团队在动工之前就能对项目的每个细节了如指掌。通过三维模型，团队可以直观地查看每个施工阶段的材料需求、人员配置和设备使用计划，这不仅提高了施工的预见性，也极大提高了资源管理的效率。更为关键的是，BIM 技术还能模拟整个施工过程，这一功能让潜在的问题和风险无处遁形。施工团队可以在模拟中观察并分析可能出现的问题，进而在实际施工前制定出针对性的解决方案。这种前瞻性的风险管理方式，极大地提升了施工的稳定性和安全性，为项目的顺利进行提供了坚实的技术保障。

2. 高效的资源管理与协调

在道路桥梁的施工过程中，资源的合理分配与协调是项目成功的关键。BIM 技术通过其强大的信息整合能力，为项目团队提供了一个高效的资源管理手段。利用 BIM 模型，施工团队可以对所需材料、施工设备及人力资源进行精确的计算和合理的调配。这种基于数据的资源管理方式，不仅确保了资源的充足供应，还能有效避免资源的浪费或短缺现象。同时，BIM 技术也为项目各方提供了一个共享的信息平台。通过这个平台，设计师、施工人员、监理等各方能够实时获取项目的最新信息，进而促进彼此之间的沟通与协调。这种高效的沟通机制，有助于各方在施工中快速达成一致，及时解决可能出现的问题，从而确保施工进度的稳步推进和施工质量的持续提升。

3. 实时的进度监控与调整

BIM 技术在道路桥梁施工中的应用,显著提升了项目管理的精细度和响应速度。特别是其实时的进度监控能力,为施工团队带来了极大的便利。通过将实际施工进度与 BIM 模型进行精准对比,项目团队可以迅速识别出进度的偏差,无论是超前还是滞后,都能一目了然。这种即时的反馈机制,使团队能够在第一时间发现问题,并迅速做出相应的调整。比如,若发现某一环节进度滞后,团队可以立即增加资源投入或优化施工流程,以确保项目能够按计划推进。实时的监控与调整不仅有助于项目按时完成,更能有效减少进度延误而带来的额外成本和风险。

四、BIM 技术在道路与桥梁工程各阶段的应用

(一) 工程的设计阶段

在道路与桥梁工程的设计阶段,BIM 技术的重要性不言而喻。设计师通过 BIM 技术进行三维建模,将复杂的设计理念以直观、立体的方式呈现出来,这不仅使设计意图更为明确,同时也大幅提升了设计的精准度。传统的二维图纸往往难以全面反映设计的细节和各专业之间的交叉关系,而 BIM 技术的引入则有效地解决了这一问题。利用 BIM 技术的可视化设计工具,设计师能够在设计初期就进行全方位的审查和冲突检测,及时发现并解决潜在的设计冲突,避免在后期施工中才发现问题,造成不必要的返工和成本增加。这一优势在大型复杂的道路与桥梁工程中尤为明显,它不仅能够缩短设计周期,还能显著提高工程质量。此外,BIM 技术还

支持多专业协同设计,为不同专业领域的设计师提供了一个高效、统一的沟通平台。在这个平台上,各专业之间的衔接和配合变得更为顺畅,确保了设计方案的完整性和一致性。这种跨专业的协同设计模式,不仅提升了设计效率,也增强了设计方案的可行性和实施性。同时,BIM 技术的仿真能力为设计师提供了强大的决策支持。通过创建精确的三维模型,设计师可以对不同的设计场景和方案进行模拟,直观地对比各种方案的优劣,从而选择出最佳的设计方案。这种基于仿真的决策方法,不仅提高了设计的科学性,也大大降低了决策风险。

(二)工程的施工阶段

在道路与桥梁工程的施工阶段,BIM 技术展现出了其独特的优势和价值。通过 BIM 技术的施工模拟功能,施工团队能够预测并识别出潜在的风险和冲突点,这极大地提升了施工的预见性和风险控制能力。模拟过程中,可以清晰地看到不同施工阶段可能出现的问题,如空间上的碰撞或时间上的重叠,从而在实际施工前采取有效措施进行规避,避免了在实际施工中冲突导致的延误或质量问题。此外,BIM 技术在资源分配和协调方面也发挥了重要作用。同时,BIM 技术为项目各方提供了一个共享的信息平台,促进了设计师、施工人员、监理等各方之间的沟通与协调。除了上述功能外,BIM 技术在施工进度管理和质量控制方面也具有重要意义。通过将实际施工进度与 BIM 模型进行对比,施工团队可以及时发现进度偏差,并采取相应的纠偏措施,确保项目按时完成。同时,利用 BIM 技术对施工质量进行实时监控和检测,可以及时发现并处理施工质量问题,确保施工质量符合设计要求和相关标准。这不仅提高了施工质量,还增强了项目的整体效益和安全性。

(三)运维阶段

在道路与桥梁工程的运维阶段,BIM 技术展现了其不可或缺的价值。利用 BIM 技术,构建一个全面而精细的设施管理信息系统,实现对道路桥梁的实时维护与管理。这一系统不仅提升了管理的便捷性和准确性,更为确保道路桥梁的安全运营提供了有力保障。通过 BIM 模型,管理人员能够准确识别和定位每一个设施设备的确切位置和当前状态。这种精准的信息获取方式,使任何潜在的问题或故障都无处遁形,从而被迅速发现和及时处理。这不仅大大降低了设施损坏的风险,还有效提升了道路桥梁的运营效率。更值得一提的是,BIM 技术在制订科学合理的维护计划和预算方面也表现出色。借助 BIM 模型所集成的历史维护数据,管理人员可以进行深入的数据分析和挖掘。利用这些数据,不仅可以预测设施设备的使用寿命和维修周期,还能制订出更为精准的维护计划和预算。这种基于数据的决策方式,不仅延长了设施设备的使用寿命,更在降低运维成本的同时,提高了运维效率。

五、BIM 技术在公路工程的应用

BIM 技术应用于公路工程,实现基于 BIM 的宏观、中观和精细化管理相结合的多层次施工管理和可视化模拟。

可以把 BIM 理解为一整个工作流程,不同阶段的 BIM 应用由不同功能的软件来实施,如建模用 Revit,碰撞检测、动画展示用 Navisworks,但是其核心都是建筑信息模型。这些软件的模板、插件等也都是以建筑、结构模型为主。

而 BIM 在公路工程中的应用则有很大的局限性,各类族、模板均需自行逐一创建,展示局部施工工艺和细部做法对族的精细度要求也极高。但公路行业的不断发展和市场竞争的日益加剧，对公路工程施工也提出了新的、更高的要求，这时候 BIM 技术在公路工程中的应用无疑为人们带来了诸多便捷；BIM 技术在公路工程中的应用可实现基于 BIM 的宏观、中观和精细化管理相结合的多层次施工管理和可视化模拟。

BIM 在工程中的应用会越来越常态化，在公路工程中的应用也会逐步趋于成熟。BIM 在公路工程中的应用重点从以下三点来阐述。

（一）BIM 技术在公路施工投标、交底、方案中的应用

在公路工程投标标书当中，BIM 技术可以给人展现一种直观、明了的施工过程控制，这样无形中会给标书带来一个很高的分值，中标的概率会大大增加。

在公路施工过程中，人们经常需要对班组和施工队伍进行具有可操作性、符合技术规范的分项工程施工技术交底、安全技术交底。

公路施工现状：

1. 人们仍在沿用着过去死板的交底教育模式，由安全和技术人员对现场作业层及管理层进行口述或纸质交底。

2. 施工方案、技术交底的编制也一直是以施工图纸、技术规范和施工现场实际情况为依据。

现状导致的问题：

根据以往的施工经验来编写，其中就有可能出现审图不清或个人表述等问题导致的交底不细、需要重复交底、交底后施工人员难以理解、印象不深刻等现象，进而导致施工进度缓慢，安全、质量问题频发，增高返工率，施工成本超支等通病。

利用 BIM 虚拟施工：

如果利用 BIM 技术的虚拟施工来展示，对安全隐患、施工难点提前反映，可视化的交底、教育等形式也更容易被施工人员接受，直观形象地让施工人员了解施工意图和细节，就能使施工计划更加精准、统筹安排，提前做好安全布置及规划，以保障工程的顺利完成。

BIM 可视化模拟应用：

同时，借助 BIM 的可视化模拟，对公路工程分部、分段进行分析，对一些重要的施工环节、工艺等进行重点展示，提高管理人员和施工人员对施工工艺的理解和记忆，并利用 BIM 技术对施工现场各类安全设施的布置进行模拟，提高施工的安全性和布置的合理性。项目管理人员也能非常直观地理解公路施工过程的时间节点和工序交叉情况，提高施工效率和施工方案的安全性。

（二）BIM 技术对拌和站拆装、运作全过程的建模和模拟

众所周知，受各种因素的影响，公路工程的前期筹备过程比传统的土建项目周期要长，过程更艰难、复杂，尤其对于公路路面施工而言更甚。但业主要求可以用"苛刻"二字来形容，从公路路面项目部的组建到现场试验段的正式铺筑，这段施工准备期进行了近似于残酷的压缩，这就要求水泥稳定土拌和站和沥青拌和站需及时而高效地建设起来，以便满足现场施工要求。

而"黑白"两个拌和站在公路路面施工中又起到了至关重要的作用，尤其是沥青拌和站，被称为公路路面施工的"面子"，其各个功能区、相似部件纷繁芜杂，机械配合人工按图拼装时稍有不慎，极易出现错误，造成返工现象，从而影响了施工生产的正常

进行。

1. BIM 技术与常规拆装方式比较

而 BIM 技术的应用与常规的拆装方式相比,将四维的拌和站模拟与建模信息相结合,不仅可以直观地展现安装顺序,更能对机械配置、劳动力配置、安装时间进行调控,减少重复作业,节约机械使用和人力成本,缩短了大量安装时间。

2. BIM 在公路施工中的实践

在实际的应用过程中,BIM 制作人员先进行详细的现场勘查,重点研究拌和站的整体规划、安装位置、料区位置、吊装位置及安装时较易发生危险的区域等问题,确保吊装拌和站各类构件时的安全有效作业范围,利用建模模拟吊装过程、构件吊装路径、危险区域、构件摆放状况等,直观、便利地协助安全、技术人员分析场地的限制,排除潜在的隐患,及时调整可行的拆装方法。这样有利于提高效率,减少出现安全漏洞的可能,及早发现拆装方案、安全、技术交底中存在的问题,极大地提高了吊装安全性,并且将四维的拌和站模拟与建模信息相结合。这样不仅可以直观地展现安装顺序,更能对机械配置、劳动力配置、安装时间进行调控,使各项工作的安排变得最为有效和经济。

另外,对拌和站的运转流程等建立三维的信息模型后,对新进拌和站员工也起到了二维图纸和口诀不能给予的视觉效果和认知角度,使其学习更直观、理解更容易、印象更深刻。

(三)BIM 技术可以使施工协调管理更为便捷

BIM 技术能够将公路施工中的各工区实时地连接在一起,方便各方的沟通。例如:在公路工程中有做路基的、做路面的、做绿化的、做配电的等,在整个工程中要协调的可能是 3~4 个工区,或者 7~8 个工区,每个工区都有自己的进度计划,或者受其他的外力影响而导致个别工区的计划变更,这样,工序之间就难免出现重合、交叉,延误作业。建立施工现场的三维信息化模型,能让各类人员直观地了解整体工程哪方面出现了问题,又该怎样解决,等于是在项目各参与工区之间建立了一个信息交流平台,使沟通更为便捷、协作更为紧密、管理更为有效,减少了扯皮和交错施工等难题。

第二节　BIM 技术与传统施工管理 方法的融合与创新

一、BIM 技术与传统施工管理的融合与创新的意义

(一)提高施工管理效率

BIM 技术的引入为施工管理带来了革命性的变革,显著提升了工作效率。借助 BIM 技术构建的三维模型,项目团队可以直观地了解项目的每一个细节。这种可视化的管理方式极大地增强了团队对项目整体和进度的把控能力。更重要的是,BIM 技术打造了一个集成化的信息平台,使项目团队可以在同一平台上实时查看和获取最新的项目信息。这一功能消除了传统施工管理中信息传递不畅或数据更新不及时而造成的信息壁垒,确保了项目信息的实时性和准确性。在此基础上,项目团队能够迅速做出决策,及时响应施工过程中的各种问题,大大提高了问题解决能力。此外,BIM 技术还具备碰撞检测功能,通过模拟施工过程中的各个环节,

能够在设计阶段就预先发现可能存在的结构冲突或管线碰撞等问题。这种前瞻性的检测方式,有效避免了在实际施工中才发现问题而导致的返工和延误,减少了施工期间的错误和变更,进一步保证了施工进程的顺利推进。

(二)降低工程造价

通过 BIM 技术,项目的材料、成本等关键要素可以得到精细化管理,这一创新性的管理方式正在逐步改变传统的施工管理方法。在项目设计阶段,BIM 技术的三维建模和精准数据计算能力,使设计者能够更准确地预测材料需求和成本预算。这不仅可以优化设计方案,减少不必要的材料浪费,还能在项目初期就形成对成本的有效控制。到了施工阶段,BIM 技术的作用更加突显。它能够实现精细的物流管理,通过模型数据来指导现场材料的分配和运输,从而减少现场物资拥堵现象,有效降低物流成本。这种管理方式不仅提高了施工效率,还进一步控制了工程成本。更为重要的是,BIM 技术的运用使项目的经济效益得到了显著提升。通过在设计阶段精确计算材料用量和成本,以及在施工阶段优化物流管理,工程的总体造价得到了有效降低。

(三)优化工程质量

BIM 技术在实际工程项目中的应用,显著提高了建筑设计方案的全面性和有效性。该技术能够进行细致入微的模拟和优化,使设计方案在动工之前就经过严格的审查和测试。通过 BIM 技术进行的虚拟施工模拟,项目团队可以在施工前深入检查建筑的质量和安全性能。这种方式不仅能够及时发现潜在的设计缺陷和施工难点,还能够在实际施工之前对这些问题进行优化,从而在实际施工中避免类似问题的出现。此外,BIM 技术的模拟功能不仅仅局限于建筑物的施工过程,它还能对建筑物的总体布局和结构进行全面的模拟和分析。这种全面的模拟有助于项目团队更深入地理解设计方案,发现可能存在的问题,并及时进行调整。更重要的是,BIM 技术还能够分析建筑的节能降碳和绿色性能,为提升建筑的环保性能和可持续性提供有力的数据支持。

(四)增强工程可持续性

借助 BIM 技术的先进模拟与分析功能,现代建筑设计在节能、环保等关键领域实现了显著的进步。这一技术的引入,使建筑师和工程师能够在设计阶段就对建筑物的能耗、光照、通风等关键环境指标进行科学的模拟和评估。BIM 模型可以精确地分析建筑在不同气候条件下的性能,预测建筑在使用过程中的能耗和温室气体排放,从而在设计阶段就进行优化,降低未来运营中的能源消耗。更为重要的是,BIM 技术还能够模拟建筑对周围环境的影响,如建筑物的阴影投射、雨水径流等,帮助设计师预见潜在的环境问题。这种预见性使设计师能够在规划阶段就采取必要的环境保护措施,如设置绿色屋顶、优化排水系统等,以减轻建筑物对环境的不良影响。

二、传统施工管理方法的不足与挑战

(一)信息记录与传递效率低下

传统施工管理方法在信息传递方面存在诸多弊端,其中纸质记录的弊端尤为突出。纸质记录作为传统施工管理中的主要信息传递方式,其效率低下和易出错的特点已成为制约施工管理效率提升的重要因素。纸质记录的信息传递方式,其更新速度往往跟不上施工进度的变化。由于需要人工撰写、整理和传递,纸质记录的信息很难做到实时更新,这就导致了信息滞后的问题。当施工现场出现变动或需要紧急决策时,纸质记录的传递速度更是无法满足快速响应的需求。同时,纸质记录在传递过程中还面临着丢失和损坏的风险。施工现场环境复杂,纸质记录很容易在搬运、保存过程中受损或遗失,一旦丢失或损坏,原本的信息就会中断或失真,给施工管理带来极大的困扰。特别是在多方协作的项目中,纸质记录的不易保存和传递更是加剧了信息管理的难度。此外,纸质记录也不利于多方协作。在多方参与的项目中,信息的实时共享和准确传递至关重要。然而,纸质记录很难做到这一点。不同部门或团队之间需要频繁地交换记录,这不仅增加了传递成本,还容易出现版本混乱和信息不一致的情况。

(二)数据统计与分析困难

传统施工管理方法在过去长期依赖于手工记录,这种方式虽然在一定程度上能够满足基本的施工管理需求,但随着工程项目规模的不断扩大和复杂性的增加,其局限性也日益凸显。特别是在数据统计和分析方面,手工记录的方式显得力不从心。管理人员不得不投入大量的时间和精力去整理和计算海量的数据,这不仅降低了工作效率,还很容易出现人为因素导致的数据错误和统计不准确。数据是施工管理决策的重要依据,一旦数据出现问题,将直接影响到施工进度的安排、资源的分配及质量控制等关键环节。比如,如果材料用量统计不准确,可能会导致材料采购过多或过少,进而影响工程进度和成本。如果施工进度数据统计有误,可能会导致决策层对工程进度产生误判,从而做出不合理的决策,更为严重的是,错误的数据还可能导致决策失误。施工管理中的每一个决策都需要基于准确的数据分析,如果数据本身存在问题,那么决策的科学性和合理性就会大打折扣。这种决策失误很可能会给工程项目带来巨大的经济损失,甚至可能影响到整个项目的成败。此外,手工记录方式还容易导致资源浪费。由于数据统计和分析的困难,管理人员往往难以准确掌握施工现场的实际情况,这可能会导致资源的不合理分配和浪费。比如,如果管理人员无法准确了解现场的材料使用情况,就可能会盲目增加材料采购量,从而造成浪费。

(三)及时性问题突出

传统施工管理方法在及时性方面的缺陷是显而易见的,这主要体现在问题发现和解决的滞后性上。由于主要依赖人工检查和记录,传统方法很难对施工现场进行实时监控,更无法做到对突发问题的及时响应。这种管理方式导致了问题发现和处理的严重滞后,可能给整个工程带来不小的风险和隐患。具体来说,当施工现场出现问题时,往往需要等到下一次定期检查时才能发现。这个间隔可能是一天、两天,甚至更长。而在这段时间里,问题可能已经扩大,甚至引发了连锁反应,对工程质量、安全等方面造成了严重影响。比如,一个小的施工缺陷,如果没能及时发现和处理,可能会逐渐演变为大的安全隐患,最终威胁到整个工程的稳定性。此外,由于问题发现和解决的滞后,施工团队往往需要在问题已经造成一定影响后才去处理,这无疑增加了处理的难度和成本。有时,甚至需要停工整顿,以解决已经暴露出来的问题,这不仅影响了工程进度,还可能停工而造成的经济损失。更为重要的是,这种滞后性还大大增加了施工风险。在建筑行业,安全永远是第一位的。然而,传统施工管理方法的及时性不足,使安全隐患难以及时排除,给施工人员的人身安全带来了严重威胁。一旦发生安全事故,不仅会造成人员伤亡和财产损失,还会对工程的顺利进行造成重大影响。

(四)质量控制难度大

在传统施工管理方法中,质量控制环节主要依赖于人工监督和检查。这种方式的问题在于,它高度依赖于质检人员的专业能力和经验,而人为因素,如疲劳、情绪、主观判断等,都可能对质量控制的准确性和一致性产生不利影响。质检人员可能因为个人经验或直觉的差异,对同一问题给出不同的评判,这无疑增加了质量控制的不确定性。更为重要的是,传统方法往往缺乏科学有效的质量控制手段。没有先进的技术支持,质检人员很难对施工过程中的每一个细节都进行全面深入的检查。这可能导致一些潜在的质量问题被忽视,直到后期才发现,此时再进行修复不仅成本高昂,而且可能影响整个工程的进度和质量。质量控制是工程管理的核心环节之一,其重要性不言而喻。然而,在传统施工管理方法中,由于缺乏科学有效的手段和方法,质量控制成为难度大且效果不一定理想的任务。这不仅可能影响到工程的安全性和稳定性,还可能对项目的整体效益产生负面影响。例如,在混凝土浇筑过程中,如果质量控制不严格,就可能出现裂缝、蜂窝等质量问题。这些问题不仅影响建筑的美观性,还可能危及其结构安全。而在传统的施工管理方法中,由于缺乏精准的检测设备和科学的分析手段,这类问题往往难以及时发现和解决。

（五）安全风险高

传统施工管理方法在安全隐患的发现与处理方面存在显著的短板。信息传递不畅和及时性问题是其中的症结。由于信息传递主要依赖传统的纸质记录或口头传达，这些方式不仅效率低下，而且容易出现信息遗漏或误传的情况。特别是在涉及安全隐患的信息传递中，任何一点小疏忽都可能引发严重的后果。安全隐患的及时发现是预防安全事故的关键，然而在传统施工管理方法中，这一点却难以做到。因为信息传递的滞后性，施工现场出现的安全隐患可能无法被及时上报到管理层，或者即使上报了也难以得到迅速的处理。这种信息传递的瓶颈，使安全隐患很容易在施工过程中被忽视，进而积累成更大的风险。同时，传统施工管理方法在安全管理体系的建设上也显得力不从心。缺乏科学的安全管理体系意味着安全隐患的排查、评估和处理都缺乏标准化的流程和规范。这种情况下，即使安全隐患被发现了，也可能处理不当而导致事故的发生。

（六）难以适应复杂项目

随着建筑项目的规模不断扩大、复杂度持续提高，传统施工管理方法已经难以应对当前的挑战。在大型、复杂的建筑项目中，往往涉及多个施工队伍、错综复杂的施工流程及数量庞大的材料设备，这些都要求管理方法必须更加精细化、科学化。然而，传统施工管理方法在面对这些复杂情况时显得捉襟见肘。由于缺乏高效的信息管理系统和先进的技术支持，传统方法很难对施工过程中的各个环节进行精确的控制和协调。这导致施工进度常常受到延误，质量也难以得到保证。同时，由于精细化管理不足，资源浪费现象也屡见不鲜,项目成本不断攀升。具体来说,在多个施工队伍同时作业的情况下,传统方法很难实现各队伍之间的有效沟通和协同工作。这往往导致施工现场混乱,影响施工效率和质量。此外,面对复杂的施工流程和繁多的材料设备,传统方法也很难做到精确掌控。比如,在材料管理方面,由于缺乏精确的数据分析和预测,经常出现材料过剩或不足的情况,造成资源浪费或施工进度受阻。在成本控制方面,传统方法的局限性也十分明显。由于缺乏科学有效的成本控制手段和方法,项目成本往往超出预算。这不仅影响了项目的经济效益,还可能给项目带来严重的财务风险。

三、BIM 技术与传统施工管理的融合

(一)信息共享与协同工作

BIM 技术的引入为施工管理带来了革命性的变革,彻底打破了传统施工管理中信息孤岛的现象。在传统模式下,信息传递常常在各个环节出现断层,导致沟通不畅,甚至引发决策失误,严重影响了施工管理的效率和工程质量。然而,BIM 技术的出现彻底改变了这一局面。BIM 技术通过建立一个共享的数字模型,实现了项目信息的集中存储和实时更新。这一创新使项目各方,包括设计师、施工人员、材料供应商等,能够在同一平台上实时查看和更新信息。这种信息共享的模式不仅消除了信息传递的障碍,还确保了信息的准确性和一致性,大大提高了施工管理的效率和决策的科学性。更为重要的是,BIM 技术促进了项目团队之间的协同工作。各方可以在数字模型上进行标注、修改和交流,实现了真正的协同设计、施工和管理。这种协同工作的模式不仅加快了工程进度,还提高了工程质量和安全性能。

（二）精细化施工管理

传统施工管理方法通常注重宏观层面的规划和监控,但在处理施工细节方面往往显得力不从心。BIM 技术的引入正好弥补了这一不足,它通过精确的三维建模,能够详尽地模拟施工过程中的各个细节。这使管理人员能够基于 BIM 模型进行更为精细化的施工管理。在 BIM 技术的支持下,管理人员可以对材料用量进行精确计算,从而避免材料过剩或不足的尴尬情况。同时,通过 BIM 模型,管理人员还能够清晰地了解施工顺序,确保每一步施工都按照既定的计划进行。此外,BIM 技术还能帮助管理人员精确规划时间节点,确保施工进度不受延误。这种精细化管理带来的好处是显而易见的。它不仅能够优化资源配置,使每一项资源都能得到最合理的利用,还能有效减少施工过程中的浪费现象。更为重要的是,通过精细化管理,项目的整体成本也能得到有效控制。

（三）风险预测与应对

传统施工管理中,风险预测和应对策略多依赖于经验和直觉。这种方式虽然有一定的实用性,但缺乏科学的数据支撑,难以全面、准确地评估潜在风险。然而,随着 BIM 技术的引入,这一状况得到了显著改善。BIM 技术结合大数据分析,为施工过程中的风险预测提供了全新的方法。通过收集和分析大量的施工数据,BIM 能够模拟不同的施工场景,预测可能出现的风险点。例如,它可以分析在特定气候、地质条件下的施工难点,或者预测某些施工环节可能出现的质量问题。不仅如此,BIM 技术还能根据预测的风险点,制定相应的应对措施。这些措施不再是基于模糊的经验判断,而是根据具体的数据分析和模拟结果来制定,因此更具针对性和实效性。

（四）后期维护与运营管理

传统施工管理中，前期施工与后期维护、运营管理之间常存在脱节问题，这给建筑的长期使用和维护带来了诸多不便。然而，随着 BIM 技术的广泛应用，这一难题正逐步得到解决。BIM 技术通过构建一个完整、详尽的建筑信息模型，为建筑的整个生命周期管理提供了强大的支持。这个模型中，不仅包含了建筑物的几何信息，还详细记录了建筑材料、设备配置、管线布局等关键数据。这使后期维护与运营管理变得更为便捷和高效。管理人员可以直接利用 BIM 模型进行设备维护、能源管理等工作。当设备出现故障时，通过 BIM 模型迅速定位问题所在，减少排查时间，提高维修效率。同时，利用 BIM 技术进行能源分析，制定合理的节能策略，降低运营成本。更为重要的是，BIM 模型还为建筑的未来改造和扩建提供了准确的数据支持。

四、BIM 技术与传统施工管理的创新

（一）BIM 技术带来施工管理数字化革新

随着 BIM 技术的快速发展与应用，施工管理正经历一场前所未有的数字化变革。BIM 技术，以三维模型为核心，全面整合了建筑工程项目的各类信息数据，从设计到施工的每一个环节都被精准地呈现与管理。这一技术的引入，为施工管理带来了全新的视角和高效的工具。通过 BIM 模型，管理人员可以清晰、直观地查看施工项目的每一个细节，无论是复杂的建筑结构，还是密集的管线布局，都一目了然，这无疑大大提高了施工管理的精度和效率。

不仅如此,BIM技术还打破了传统施工中各专业之间的壁垒,实现了真正的多专业协同工作。在BIM平台上,建筑、结构、水电等各专业的设计人员、施工人员可以实时共享信息、无缝沟通,这不仅提升了沟通效率,更能在很大程度上减少信息不畅或误解导致的冲突和返工,从而显著提高施工质量和进度。

(二)BIM技术在施工进度管理中的应用

施工进度管理是施工管理中至关重要的一环,直接关系到项目的交付时间和整体效率。传统施工进度管理的方法多依赖人工记录和监控,然而这种方式在信息更新和数据准确性方面存在明显短板。信息更新的不及时和数据的不准确性,往往导致施工进度管理的滞后和误判,给项目带来不必要的延误和风险。BIM技术的引入,为施工进度管理带来了全新的解决方案。通过BIM模型,管理人员能够实时监控施工进度,确保数据的实时性和准确性。这种监控方式与传统的人工记录相比,不仅大大提高了信息的更新速度,还能更准确地反映施工现场的实际情况。同时,BIM技术还提供了施工进度与计划对比的功能。管理人员可以随时将实际施工进度与初始计划进行对比,一旦发现偏差,便能迅速做出调整,确保项目能够按照预定的时间节点顺利进行。

(三)BIM技术在施工质量管理中的运用

施工质量管理对于确保项目的整体品质具有至关重要的作用。然而,传统的施工质量管理方法由于其局限性,往往难以对施工过程中的各种情况进行全面、准确的把握。幸运的是,BIM技术的引入为施工质量管理带来了革命性的改变。BIM技术允许建立一个精确的三维模型,该模型能够详细记录每个施工环节的所有相关信息,包括但不限于材料的使用情况、施工方法的选择及施工人员的配置等。这一全面的数据记录为管理人员提供了前所未有的、深入的施工现场视角。利用 BIM 模型,管理人员可以实时监控施工进度和质量,及时发现潜在的或已经出现的质量问题,并迅速采取相应的纠正措施。这种能力不仅大大提高了问题的响应速度和处理效率,还有助于在问题升级之前将其解决,从而显著提升工程的整体质量。

(四)BIM 技术在施工成本控制中的优势

施工成本控制对于确保项目的经济效益和防止资源浪费具有至关重要的作用。然而,传统的成本控制方法在面对复杂多变的施工环境时,往往难以做到精确估算和有效控制。这时,BIM 技术的出现为施工成本控制带来了革命性的改变。BIM 技术利用三维模型对项目的各个环节进行精细化模拟,能够精确地估算出材料用量、工时等关键成本因素。这使管理人员能够基于准确的数据制定更为精细的成本预算,从而避免了资源的浪费和成本的虚高。更为重要的是,BIM 技术还可以在施工过程中实时监控成本情况。通过与预算数据进行对比,管理人员可以及时发现成本超支的问题,并迅速采取相应的纠正措施。这种实时的成本控制机制,确保了项目能够严格按照预算进行,大大降低了成本失控的风险。

(五)BIM 技术在施工安全风险管理中的价值

施工安全在任何建筑项目中都占据首要位置,是施工管理的核心要素。传统的安全风险管理方法,如人工巡查和定期监控,虽然在一定程度上能够识别和处理安全风险,但受限于人力和时效性,往往难以实现全面覆盖和实时监控。在这一背景下,BIM 技术的引入如同一场及时雨,极大地提升了安全风险管理的效率和准确性。BIM 技术不仅建立了精确的三维模型,还能模拟施工过程中的各种风险因素。管理人员可以利用这些模拟结果,在施工前就对潜在的安全风险进行深入的识别和评估。这种前瞻性的风险管理方式,无疑比传统的事后处理模式更具优势。更为关键的是,BIM 技术支持实时监控和数据分析。这意味着管理人员可以随时掌握施工现场的安全状况,一旦发现异常情况或安全隐患,便能立即采取应对措施,从而有效预防事故的发生。这种即时反馈和迅速响应的机制,极大增强了施工项目的安全性和稳定性。

第五章　智能化与自动化技术在施工中的发展

第一节　自动化施工机械与设备在建筑工程中的应用

一、自动化施工机械与设备的概念

自动化施工机械与设备,是指在施工过程中能够自动执行任务、减少人工干预并提高工作效率的机械设备。这类设备通过集成先进的控制系统、传感器和执行器等技术,实现了施工过程的自动化和智能化,从而极大地提升了施工效率和质量。自动化施工机械与设备具有多种功能和特点,它们可以根据预设的程序或指令,自动完成挖掘、装载、运输、摊铺、压实等施工任务。这些机械与设备不仅操作简便,而且能够在恶劣的环境下稳定工作,大大降低了人工劳动的强度和风险。在现代施工中,自动化机械与设备的应用已经越来越广泛。例如,在土方工程中,挖掘机可以自动进行挖掘作业,装载机能够自动完成装载任务,自卸汽车则可以自动运输土方。在路面工程中,摊铺机可以自动进行摊铺作业,压路机能够自动完成压实工作。这些自动化机械与设备的应用,不仅提高了施工效率,还保证了施工质量的稳定性和一致性。此外,自动化施工机械与设备还具有高度的可编程性和适应性。通过编写不同的程序和设置不同的参数,这些机械与设备可以适应各种不同的施工环境和任务需求。同时,它们还可以与智能管理系统进行连接,实现施工过程的实时监控和优化。自动化施工机械与设备的出现,是施工技术进步的重要标志。它们不仅提高了施工效率和质量,还降低了施工成本和安全风险。随着科技的不断发展,自动化施工机械与设备将会在未来的施工中发挥更加重要的作用,推动建筑行业的持续创新和发展。

二、建筑工程中机械设备自动化技术的应用情况

(一)自动化施工机械与设备的应用

在建筑工程领域,自动化施工机械与设备正逐步成为主流。这些先进的设备融合了控制系统、传感器等多种技术,使施工过程更加智能化和自动化。自动化施工机器人的出现,为建筑行业带来了前所未有的便利。它们能够胜任复杂且精细的工作,如墙面粉刷、地砖铺设等,不仅提升了施工的速度,更在质量上有了显著的提升。数控加工技术的应用,也为建筑工程带来了革命性的变化。传统的建筑施工往往受限于人工操作的精度和效率,而数控技术则能够精确控制构件的尺寸和形状,大大提高了建筑构件的精度和质量。这种技术的应用,不仅减少了材料浪费,还增强了建筑的整体稳固性和耐用性。特别值得一提的是,高空作业机械等专门设备的引入,极大地增强了高空施工的安全性。这些机械设备能够在高空环境中稳定工作,减少了人工高空作业的风险,同时也提高了施工的效率。

（二）智能化施工管理系统

智能化施工管理系统在现代建筑施工中扮演着至关重要的角色,它是机械设备自动化技术不可或缺的一部分。该系统深度融合了传感器技术与先进的计算机技术,实现了对施工过程的精准自动控制。通过密布的传感器网络,系统能够实时监控施工设备的运行状态,无论是设备的温度、压力还是振动频率,都能第一时间捕捉并反馈。这种实时的数据监测不仅保证了设备的最佳运行状态,更使施工过程中的任何异常都能被迅速发现并进行调整,从而大幅提升了施工效率。更为关键的是,智能化施工管理系统还具备强大的预警功能。利用大数据分析和机器学习算法,系统能够预测施工过程中可能遇到的问题,比如设备的潜在故障或是施工流程中的瓶颈。

（三）自动化施工机械与设备在特定环节的应用

在建筑工程的各个特定环节中,自动化施工机械与设备正展现出它们独特的优势。以浇筑过程为例,浇筑机器人的引入彻底改变了传统施工方式。这些机器人能够精准定位,实现混凝土的精确浇注,不仅大幅提升了生产效率,更在质量控制上达到了新的高度。混凝土的均匀性和密实性得到了更好的保障,从而确保了建筑物的稳固与安全。在管道安装环节,自动化设备如螺杆输送机也发挥了举足轻重的作用。这类设备能够实现管道材料的快速供给和自动连接,极大地提高了施工效率和质量。与传统的管道安装方式相比,自动化设备的运用不仅减少了人工操作的复杂性,还降低了安装过程中的错误率,使整个工程更加精准可靠。此外,在墙体制作、模块组装及材料运输等其他环节中,自动化设备同样大放异彩。墙体制作机器人可以高效地完成墙体的砌筑和抹灰工作,而模块组装机器人则能够迅速地将建筑模块组装到位。在材料运输方面,智能运输车等设备则能够实现材料的快速、准确配送,大大提高了建筑施工的效率和准确性。

三、自动化施工机械与设备的种类及应用

(一)混凝土搅拌机

1. 混凝土搅拌机的自动化技术

(1)自动化控制系统

混凝土搅拌机的自动化技术的精髓在于其自动化控制系统。该系统是现代工业自动化技术的结晶,通常采用先进的可编程逻辑控制器(PLC)或分布式控制系统(DCS)作为核心。这些高端控制系统赋予了搅拌机智能化的操作能力,能够对搅拌机的各项操作进行精细控制。PLC 和 DCS 系统通过精确的编程和参数设置,可以严格控制混凝土的搅拌时间、混合比例及材料的投放顺序等关键参数。这种精确的控制保证了混凝土的质量和均匀性,使每一批次的混凝土都能达到预期的工程要求。不仅如此,这些自动化控制系统还具备强大的实时监测功能。它们能够不断地收集设备运行的数据,分析设备的运行状态,从而及时发现可能存在的问题或隐患。一旦发现异常情况,系统会立即启动相应的处理程序,或是向操作人员发出警报,以便及时采取措施,防止问题扩大。

(2)传感器技术

传感器技术在混凝土搅拌机自动化中占据着举足轻重的地位。在搅拌机中,多种传感器如重量传感器、流量传感器、温度传

感器及湿度传感器等被广泛应用,它们共同协作以确保混凝土搅拌过程的精确性和质量控制。这些传感器能够实时监控原材料的关键参数,如重量、流量、温度和湿度等。重量传感器可以准确测量各种原材料的投入量,保证配比的准确性;流量传感器则监控液体添加剂的加入速度,确保混合过程的均匀性。同时,温度传感器和湿度传感器则密切关注混合过程中的环境变化,对混凝土的硬化过程有着至关重要的影响。这些传感器所收集的数据被迅速传输到自动化控制系统中,系统根据这些数据对搅拌过程进行微调,以确保混凝土的各项性能指标符合预期。

（3）远程监控与智能化技术

远程监控技术的引入,让混凝土搅拌机的管理变得更为便捷高效。通过网络连接,无论身处何地,操作人员都能实时查看搅拌机的运行状态、生产数据及工作进度。这种实时反馈机制不仅加强了对生产过程的把控,更能在设备出现故障或异常情况时,迅速做出响应。管理人员无需亲临现场,便能远程诊断问题、调整参数或发出维修指令,大幅缩短了故障处理时间,提高了生产效率。而智能化技术的应用,则进一步提升了混凝土搅拌机的自动化水平。借助机器学习和人工智能算法,搅拌机能够自我学习、自我优化,逐渐适应各种复杂的生产环境和工艺要求。

2. 混凝土搅拌机在建筑工程中的应用

（1）施工前准备

施工前,混凝土搅拌机的准备工作是确保施工顺利进行的关键环节。选择合适的搅拌机型号是首要任务,这需要根据工程规模的大小、具体的施工需求及现场的实际情况来综合考虑。只有搅拌机型号与工程需求相匹配,才能确保施工效率和质量。随后,对搅拌机进行全面细致的检查至关重要。这包括检查搅拌机的各个部件是否完好无损,电气线路是否正常连接,油品是否充足等。同时,还要关注搅拌机的外部环境,确保其安全可靠,避免环境因素导致设备故障或安全事故。在检查过程中,如果发现任何问题或隐患,必须立即进行处理,确保搅拌机在投入使用前处于最佳状态。此外,为了确保搅拌机在使用过程中能够达到最佳工作状态,还需要对其进行预热。预热过程有助于使搅拌机的各个部件充分润滑,减少摩擦和磨损,提高设备的使用寿命。

（2）施工过程中的应用

在施工过程中,混凝土搅拌机扮演着至关重要的角色。搅拌机能够将水泥、沙子、石子等原料按照预定的比例进行混合,这是混凝土制作的首要步骤。随着适量水的加入,搅拌机开始高效的搅拌工作,将混合物进行均匀的搅拌,直至达到所需的均匀度。这一过程不仅需要精确的比例控制,更需要对搅拌机的操作进行严谨且规范的掌控,以确保最终混凝土的质量达到标准要求。在搅拌机运转的过程中,操作人员需时刻保持警觉,密切关注搅拌机的工作状态。转速的快慢、温度的高低、油压的稳定与否,每一个细节都关系到混凝土搅拌的质量和搅拌机的使用寿命。通过不断地观察和调整,操作人员能够确保搅拌机在最佳状态下运行,从而提高混凝土的生产效率和质量。

（3）施工后的维护与保养

施工完成后,混凝土搅拌机的维护与保养工作同样占据举足轻重的地位。搅拌机作为建筑工程中的核心设备,其稳定性和持久性直接关系到工程的整体质量与进度。因此,对其进行细致的维护与保养至关重要。搅拌机内部残留的混凝土若不及时清理,不仅会影响下一次搅拌的质量,还可能对搅拌机的机械部件造成磨损。因此,每次施工结束后,必须对搅拌机内部进行彻底清理,确保无残留物。同时,搅拌机在长时间运转后,其部件可能会出现磨损或老化,这就需要人们定期检查并更换磨损严重的部件,以确保搅拌机的正常运转。润滑是保持搅拌机良好运行状态的关键环节。定期对设备的润滑部位进行检查和补充润滑油,能够减少机械部件之间的摩擦,降低磨损,提高设备的运行效率。此外,电气系统作为搅拌机的重要组成部分,其稳定性和安全性也不容忽视。定期检查电气线路、开关、电机等部件,及时发现并处理潜在的安全隐患,是确保搅拌机安全运行的重要措施。

(二)塔式起重机

1. 塔式起重机的自动化技术

(1)操控与运动控制自动化

塔式起重机的自动化技术,其显著特点首先展现在操控系统的自动化上。现代塔吊的先进性体现在它配备的计算机控制系统上,这一系统通过预设程序,能够精准地控制塔吊的每一项动作。无论是吊臂的升降、灵活的回转,还是吊钩的起落,都能够在系统的自动调控下,准确无误地完成。这种自动化操控方式带来的优势是显而易见的。它极大地提高了操作的精确性,使每一项动作都能够按照预定的参数执行,减少了误差。同时,工作效率也得到了显著的提升,因为自动化操作可以连续不断地进行,不受人为因素的干扰。更为重要的是,自动化操控降低了对操作人员的技能要求,使更多的人能够胜任这一工作,同时也减少了人为操作失误的可能性,从而提升了工作的安全性。此外,运动控制自动化是塔式起重机自动化技术的又一重要方面。通过精确的传感器和控制系统,塔吊能够实时感知自身的状态及外部环境的变化,从而做出相应的调整。

(2)安全监测与故障预警自动化

安全,始终是塔式起重机运行中的关键。在自动化技术的加持下,塔吊的安全保障得到了显著提升。塔吊的安全监测系统,如同一位不眠不休的守护者,实时对塔吊的运行状态进行严密监控。吊载重量、吊臂角度、风速等关键参数,每一项都在其严密的监控之下。这些参数不仅关乎塔吊的运行效率,更是保障施工安全的重要依据。一旦这些参数超出预设的安全范围,安全监测系统便会迅速做出反应。它会自动发出警报,以警示操作人员及时采取应对措施。同时,系统还会启动相应的保护措施,如自动减速、紧急制动等,以防止潜在事故的发生。这种实时的监测与预警机制,为塔吊的安全运行提供了坚实的保障。此外,自动化技术还在故障预警和诊断方面发挥了重要作用。通过对塔吊运行过程中产生的数据进行收集和分析,系统能够精准地预测潜在的故障点。这种预测性维护的方式,不仅提高了维护工作的针对性,更大大减少了突发性故障的发生。

2. 塔式起重机在建筑工程中的应用

(1)物料搬运与垂直运输

塔式起重机在建筑工程中占据着举足轻重的地位,尤其在物料搬运和垂直运输方面发挥着不可替代的作用。其显著的起重能力和出色的灵活性,使其成为建筑工程中不可或缺的重要设备。塔式起重机能够轻松地将各种建筑材料、构件和设备从地面吊运到高空的工作面。这种高效的物料搬运方式极大地提升了施工效率。相较于传统的人工搬运,塔式起重机不仅速度快,而且能够处理更重、更大的物料,从而显著降低了人工搬运的强度和成本。在施工过程中,塔式起重机的应用使高空作业变得更加便捷和安全。无论是高层建筑的施工,还是大型设备的安装,塔式起重机都能够迅速准确地将所需物料送达指定位置,大大节省了施工时间。同时,由于其操作的精确性,有效避免了物料搬运不当而造成的安全事故。

（2）高空作业支持

在高层建筑或复杂结构的施工中,塔式起重机发挥着不可或缺的作用,为高空作业提供了强有力的支持。其卓越的垂直运输能力使工人和工具能够迅速且准确地被运送到指定位置,极大地便利了高空施工的进行。塔式起重机的灵活性和高效性使它在高空作业中独具优势。无论是高耸的建筑物顶部,还是复杂的结构内部,塔式起重机都能轻松应对,确保施工过程的顺利进行。其精确的控制系统使每一次运输都能达到预定的位置,大大减少了施工中的误差和不必要的延误。此外,塔式起重机在施工中扮演着多重角色。它不仅可以用于运送工人和工具,还可以协助安装和拆卸模板、脚手架等临时设施。这种多功能性使塔式起重机成为施工现场上的得力帮手,提高了施工效率,降低了人力成本。在高空作业中,安全性始终是首要考虑的因素。塔式起重机凭借其坚固的结构和稳定的性能,为高空作业提供了可靠的安全保障。同时,其先进的自动化技术和智能控制系统也进一步提升了施工的安全性,减少了潜在的风险。

（3）精确吊装与定位

在建筑工程中,精确吊装和定位构件及设备是至关重要的环节。塔式起重机,凭借其先进的控制系统和经验丰富的操作人员,完美地胜任了这一任务。其精确性在钢结构安装、大型设备安装等工程中表现得尤为突出,为施工质量和安全提供了坚实保障。钢结构安装中,每个构件的位置和角度都需精确无误。塔式起重机通过精确的控制系统,能够确保构件在吊装过程中的稳定性和准确性。操作人员凭借丰富的经验,能够精准地控制吊钩的起落和移动,使构件精准地落位。这种精确的吊装方式不仅提高了施工效率,更确保了钢结构的整体稳定性和安全性。在大型设备安装工程中,精确吊装和定位同样不可或缺。大型设备往往体积庞大、重量惊人,对吊装技术的要求极高。塔式起重机通过其强大的起重能力和精确的控制系统,能够轻松应对这一挑战。操作人员需要根据设备的形状、重量和安装位置,精确计算吊装角度和速度,确保设备在吊装过程中平稳、安全地到达指定位置。

(三)建筑机器人

1. 建筑机器人的自动化技术

(1)感知、决策与执行自动化

建筑机器人的自动化技术,以其卓越的感知、决策与执行能力,正在引领建筑行业的革新。感知自动化是建筑机器人技术的基石,它依赖于一系列高精度的传感器,如摄像头、雷达和红外线设备等。这些传感器如同机器人的"眼睛"和"耳朵",能够实时捕捉并处理周围环境的信息。无论是距离、形状还是温度等细微变化,都能被精准地捕捉并转化为机器人可理解的数据,从而使其对工作环境有清晰而准确的认知。决策自动化则展现了建筑机器人的智慧之处。它依托于先进的高级算法和计算机视觉技术,使机器人能够根据感知到的信息,进行快速而准确的判断。这种判断能力不仅体现在对复杂环境的适应上,更在于能够自主规划出最优的工作路径和动作。无论是避开障碍物,还是选择最高效的施工方式,机器人都能凭借其决策自动化能力,实现高效且精准的作业。

(2)学习与优化自动化

学习与优化自动化作为建筑机器人技术的重要组成部分,正在逐步推动行业的技术革新。随着机器学习和人工智能技术的飞速发展,现代建筑机器人已经展现出从经验中学习和自我优化的能力,这无疑为建筑行业带来了前所未有的变革。建筑机器人在执行任务的过程中,能够不断收集各类数据。这些数据包括但不限于工作环境信息、操作过程记录及效率与质量评估等。通过对这些数据的算法分析,机器人能够识别出操作过程中的效率瓶颈和质量问题,进而针对性地改进其工作方式和效率。以砌墙机器人为例,在多次砌墙的实践过程中,机器人不仅积累了大量的操作经验,还通过学习,不断优化其砌墙的路径和速度。这种优化不仅提高了工作效率,还确保了砌墙质量的稳定提升。随着学习过程的深入,砌墙机器人甚至能够根据不同的墙体结构和材料特性,自动调整砌墙策略,展现出极高的灵活性和适应性。

2. 建筑机器人在建筑工程中的应用

(1)建筑施工阶段的应用

在建筑施工阶段,建筑机器人以其独特的自动化优势,成为提升施工效率和质量的关键力量。砌墙机器人是其中的佼佼者,它能够自动且精确地铺设砖块,无需人工干预。通过内置的高精度传感器和先进的算法,砌墙机器人能够准确判断砖块的位置和角度,确保每一块砖都严丝合缝,大大加快了砌墙的速度,并显著减少了人为因素导致的错误。混凝土施工机器人同样发挥着不可或缺的作用。它可以自动化地完成喷涂和浇筑任务,无需人工操作。通过精确控制喷涂和浇筑的速度和力度,混凝土施工机器人能够确保混凝土的均匀性和质量,避免出现空洞、裂缝等常见问题。这不仅提高了施工效率,还大幅提升了建筑的整体质量。此外,搬运机器人也是建筑施工现场的重要一员。它能够自动搬运和堆放建筑材料,大大减轻了工人的体力劳动负担。搬运机器人具备强大的承载能力和灵活的移动能力,能够轻松应对各种复杂的搬运任务。它可以准确地识别材料的位置和数量,并自动规划出最优的搬运路径,从而提高工作效率,缩短施工周期。

(2)建筑维护与保养阶段的应用

在建筑维护与保养阶段,建筑机器人以其高效、精确的特性,发挥着不可或缺的作用。检测机器人作为其中的佼佼者,具备定期巡查建筑物结构和系统的能力。它通过先进的传感器和成像技术,能够深入探索建筑物的每一个角落,及时发现并报告潜在的安全隐患。无论是墙体裂缝、设备故障还是电气线路老化,检测机器人都能以极高的精度和效率进行识别和报告,为建筑维护提供了可靠的数据支持。与此同时,清洁机器人也在建筑保养中扮演着重要角色。它能够自动清洁建筑物的内外表面,无论是玻璃幕墙、瓷砖地面还是金属装饰,清洁机器人都能以出色的表现完成清洁任务。它不仅具备高效的清洁能力,还能根据不同的材质和污染程度,选择合适的清洁方式和清洁剂,确保建筑物始终保持整洁和美观。此外,维修机器人也是建筑维护与保养阶段的重要力量。它能够执行一些高难度或危险性的维修任务,如高空作业或狭窄空间的维修工作。维修机器人通过精确的操控系统和强大的动力装置,能够在复杂的环境中进行精细的维修操作,确保建筑物在出现故障时能够得到及时、有效的修复。

（3）安全与监测方面的应用

建筑机器人在安全与监测领域的作用日益突显，它们凭借先进的技术装备和智能化系统，为施工现场的安全管理提供了有力保障。这些机器人可以配备多种高精度传感器和摄像头，实时捕捉施工现场的每一个细节，从而实现对安全状况的全方位监控。无论是高处作业、深基坑施工还是密闭空间作业，建筑机器人都能迅速发现潜在的安全隐患，并及时发出预警，有效避免安全事故的发生。在自然灾害或紧急情况下，建筑机器人的作用更加突显。它们可以迅速响应，深入受灾区域进行搜救和疏散工作。凭借其强大的机动性和灵活性，建筑机器人能够克服复杂地形和恶劣环境的限制，快速到达事故现场，为救援人员提供及时而准确的信息。同时，它们还可以搭载救援设备，直接参与救援行动，提高救援效率，降低人员伤亡。此外，建筑机器人在日常监测方面也发挥着重要作用。它们可以对建筑物的结构安全、设备运行状态等进行持续监测，及时发现并处理潜在问题。这种预防性维护的方式，不仅可以延长建筑物的使用寿命，还可以确保施工过程中的安全稳定。

第二节　道路桥梁施工中智能化监控
与检测系统的应用

一、智能化监控与检测系统在道路桥梁施工中的重要性

(一)提升施工质量与安全性

在道路桥梁施工过程中,智能化监控与检测系统扮演着举足轻重的角色。这类系统凭借先进的集成技术,将传感器、摄像头与数据分析完美融合,实现对施工过程的全面、实时监控。无论是结构位移的微小变化,还是应力分布的微妙调整,甚至是材料温度的细微波动,都能被这类系统精准捕捉并即时反馈。这种高度敏感的实时监控机制,为施工现场的安全与质量提供了坚实保障。一旦系统检测到潜在问题,如材料质量不达标、结构稳定性受损等,便能迅速做出反应,触发预警机制,提醒施工人员及时介入,采取有效措施进行修复或调整。这种快速响应的能力,极大地降低了潜在风险转化为实际事故的可能性,确保了施工过程平稳进行。不仅如此,智能化监控与检测系统还能提供丰富的施工数据。这些数据经过精准的分析和处理,能够为施工人员提供关于施工状态、进度和质量的全面信息。

(二)提高施工效率与进度控制

智能化监控与检测系统在道路桥梁施工中发挥着至关重要的作用。它能够实时收集和分析施工数据,为施工人员提供及时、准

确的反馈,从而确保施工过程的顺利进行。这一系统通过先进的传感器和数据分析技术,对施工过程中的各项参数进行精确测量和记录。无论是桥梁的应力变化、变形情况,还是施工环境的温度、湿度等关键因素,都能被系统实时捕捉并转化为可分析的数据。施工人员可以根据系统提供的反馈,更加精确地掌握施工进度,合理安排施工任务。通过对比实际施工数据与预设目标,施工人员可以及时发现施工中的偏差和问题,并采取相应的措施进行调整和优化。这不仅避免了资源的浪费和延误,还确保了施工质量的稳定提升。

(三)降低施工成本与维护成本

智能化监控与检测系统的应用,在道路桥梁施工中展现出了显著的成本控制优势。这一系统凭借其实时监控与数据分析能力,能够精准捕捉施工过程中的各类问题,为施工人员提供及时、有效的反馈。通过及时发现并解决潜在问题,智能化系统有效避免了问题扩大化可能带来的高昂修复成本。在施工的每一个环节,智能化系统都发挥着降低成本的积极作用。它能精确监测材料的使用情况,确保材料得到充分利用,减少浪费现象的发生。同时,系统还能对施工流程进行优化,通过合理调配资源、减少不必要的施工环节,进一步降低施工成本。此外,智能化监控与检测系统在后期维护阶段也发挥着重要作用。它能够提供精确的维护数据和预警信息,帮助维护人员及时发现潜在的安全隐患,并采取相应的维护措施。这种预防性的维护方式,不仅提高了道路桥梁的使用寿命,也大大降低了维护成本。

(四)促进施工管理的智能化与现代化

智能化监控与检测系统的应用,无疑是推动道路桥梁施工管理智能化和现代化的重要驱动力。它通过深度集成物联网、大数据和人工智能等前沿技术,为施工管理带来了革命性的变革。这一系统实现了施工管理的自动化,通过智能传感器和自动化设备的部署,系统能够实时监控施工现场的各项参数,自动调整施工参数和流程,确保施工过程的稳定和安全。这不仅大大提高了施工效率,还降低了人为因素导致的错误和事故风险。同时,智能化监控与检测系统也实现了施工管理的智能化。借助大数据分析和人工智能算法,系统能够对施工数据进行深入挖掘和分析,发现施工中的潜在问题和优化空间,为施工决策提供科学、准确的依据。这使施工管理更加精准和高效,有助于提升工程质量和降低施工成本。

二、智能化监控与检测系统的种类及应用

(一)自动化监测系统

1. 施工过程的实时监测

在道路桥梁施工过程中,自动化监测系统以其强大的数据采集与处理能力,发挥着举足轻重的作用。这一系统能够实时、准确地采集桥梁内部应力、变形、裂缝、温度等关键参数,确保施工单位能够及时了解桥梁的当前状态。通过高精度传感器和先进的数据传输技术,自动化监测系统能够实时监测桥梁的各项指标,并将数据传输至中央处理单元进行分析。这些数据不仅反映了桥梁的结

构性能和健康状况,还为施工单位提供了宝贵的施工反馈。此外,自动化监测系统还能对桥梁的荷载和车流量进行实时监测。通过对桥梁承载能力的精准评估,系统能够及时发现潜在的安全隐患,并发出预警信号。施工单位可以根据预警信息,及时采取措施,避免事故的发生。同时,系统还可以对车流量进行统计和分析,为施工单位提供有关交通流量和桥梁使用情况的详细信息,有助于施工单位更好地规划施工时间和路线。

2. 安全风险评估与预警

自动化监测系统通过深入分析海量的监测数据,为道路桥梁的安全风险评估提供了强大的技术支持。这一系统不仅能够实时监控桥梁的各项参数变化,更能通过先进的算法和模型,对桥梁的疲劳寿命进行精确预测,对结构性能进行全面评估。在桥梁运营过程中,受承受车辆荷载、自然环境等多种因素的影响,桥梁结构难免会出现疲劳损伤和性能退化。自动化监测系统通过持续监测桥梁的应力、变形、振动等关键数据,结合历史数据和工程经验,可以建立起桥梁的疲劳寿命预测模型。这一模型能够预测桥梁在未来一段时间内的性能变化趋势,为管理者提供决策依据,确保桥梁的安全运营。此外,自动化检测系统还能够对桥梁的结构性能进行评估。通过对桥梁的整体稳定性、承载能力、抗震性能等方面的分析,系统可以判断桥梁是否存在安全隐患,并给出相立的处理建议。这种结构评估功能有助于及时发现桥梁的潜在问题,防止事故的发生。

3. 提高施工效率与质量控制

自动化监测系统在道路桥梁施工中的应用,极大地提升了施工效率和质量。该系统能够实时反馈施工过程中的各类信息,包括桥梁结构的变化、材料的性能及环境的变化等,为施工人员提供了准确、及时的数据支持。通过自动化监测系统,施工人员可以实时了解桥梁的受力状况、变形情况及裂缝发展等关键信息。这些信息不仅有助于判断桥梁的安全性和稳定性,还能够为施工方案的调整和优化提供有力依据。同时,自动化监测系统还可以对监测数据进行深入分析,帮助施工人员及时发现和解决施工过程中的问题。通过对数据的分析比对,系统能够识别出施工中的异常情况和潜在风险,为施工人员提供预警信息。这使施工人员能够迅速采取措施,避免问题的扩大化,确保施工质量符合设计要求。

4. 促进智慧城市建设与可持续发展

自动化监测系统在道路桥梁施工中的应用,不仅显著提升了施工的安全性和效率,更是智慧城市建设的重要推动力。这一系统通过与城市数据中心和智能交通系统的紧密连接,实现了桥梁的远程监控与维护,为城市的交通管理带来了革命性的变革。在桥梁施工过程中,自动化监测系统能够实时捕捉桥梁结构的变化,精确分析施工数据,为施工人员提供及时、准确的反馈。这不仅确保了施工过程的顺利进行,还大大提高了施工效率,降低了人为因素导致的安全风险。同时,系统还能通过数据分析,预测桥梁结构的疲劳寿命和性能变化,为桥梁的长期维护提供了科学依据。更为重要的是,自动化监测系统为智慧城市建设提供了强大的支持。通过将桥梁监测数据与城市数据中心相连,实现了信息的共享与协同。这不仅使桥梁的监控与维护更加便捷高效,还为城市交通规划和管理提供了有力的数据支撑。系统能够提前预警交通拥堵和紧急事件,帮助交通管理部门及时采取措施,确保城市交通的顺畅与安全。

（二）无人机监测系统

1. 实时高效的数据采集与分析

无人机监测系统在道路桥梁施工中发挥了至关重要的作用。其最显著的应用在于实时高效的数据采集与分析。通过搭载高清摄像头、传感器等先进设备，无人机能够迅速获取桥梁和道路的形态、变形信息，以及施工过程中的各项关键参数。这些数据不仅为施工人员提供了即时、准确的反馈，还能够帮助施工人员更好地掌握施工状态，及时发现并解决潜在问题。与传统的测量手段相比，无人机监测系统具有更高的效率和精度。它能够快速飞越施工区域，避免了人工测量可能带来的安全风险和时间延误。同时，通过对采集到的数据进行深入分析，施工人员可以更加精确地评估施工质量、进度和安全状况，从而做出更为科学合理的决策。

2. 施工过程的安全监控与预警

无人机监测系统在道路桥梁施工中的另一个重要应用是安全监控与预警。通过实时监控施工区域的情况，无人机能够及时发现并报告潜在的安全隐患，如设备故障、结构失稳等。一旦发现问题，系统可以立即发出预警信号，提醒施工人员采取紧急措施，防止事故的发生。此外，无人机监测系统还可以用于对施工人员的行为进行监控和管理。通过识别违规操作和不安全行为，系统可以提醒施工人员及时纠正，降低人为因素导致的安全事故风险。

3. 促进施工管理的智能化与精细化

无人机监测系统的应用还有助于推动道路桥梁施工管理的智能化与精细化。通过集成先进的数据处理和分析技术，系统可以对施工过程中的各项数据进行深入挖掘和利用，为施工决策提供更为科学、准确的依据。同时,无人机监测系统还可以与其他智能化系统相结合,如 BIM 技术、物联网技术等,共同构建一个全面、智能的施工管理系统。通过实现信息的共享和互通,系统可以优化施工流程、提高施工效率、降低施工成本,为道路桥梁施工行业的可持续发展注入新的动力。

(三)物联网监测系统

1. 实时数据采集与传输

物联网监测系统通过精准部署在桥梁结构关键部位的传感器,实时捕捉桥梁施工过程中的各种细微变化。这些传感器如同桥梁的"神经末梢",能够敏锐感知到应力、变形、温度等关键数据,并将这些信息实时传递给物联网平台。物联网平台作为数据的中转站,将采集到的数据迅速传输到数据中心。这种高效的实时数据采集与传输机制,确保了施工单位能够第一时间获取到桥梁的施工状态信息。这不仅避免了传统施工中数据滞后的问题,还大大提高了施工决策的准确性和时效性。实时数据支持对于施工单位来说至关重要。通过对这些数据的深入分析,施工单位可以准确判断桥梁的施工状态,及时发现潜在的安全隐患,并采取相应措施加以解决。此外,这些数据还可以用于优化施工方案,提高施工效率和质量。

2. 智能分析与预警

物联网监测系统以其卓越的数据采集与智能分析功能,在桥梁施工和维护中发挥着至关重要的作用。这一系统不仅能够实时收集桥梁受力、变形等关键数据,更运用大数据分析和机器学习等前沿技术,对这些数据进行深入处理和分析。通过大数据分析,物联网监测系统能够全面挖掘数据的潜在价值,揭示桥梁受力状态、变形趋势等深层次信息。而机器学习技术的应用,则使系统能够自主学习和进步,不断优化预测和评估模型,提高分析的准确性和可靠性。一旦监测数据出现异常或超出预设的安全阈值,物联网监测系统便会迅速响应。系统会立即触发预警机制,通过短信、邮件等多种方式,迅速将预警信息传达给相关人员。这种及时、准确的信息传递,为相关人员提供了宝贵的反应时间,使施工人员能够迅速采取应对措施,防止事故的发生。

3. 施工优化与决策支持

物联网监测系统的应用,在道路桥梁施工中起到了至关重要的作用,为施工单位提供了有力的优化和决策支持。系统通过精准部署的传感器,实时采集桥梁施工过程中的应力、变形、温度等多项关键数据,并将这些数据传输至数据中心进行深度分析。施工单位基于这些数据,可以全面了解桥梁结构的受力特点和变形规律,从而能够更准确地把握施工过程中的关键环节,进一步优化施工方案。在优化施工方案方面,物联网监测系统能够指导施工单位在材料选择、施工顺序、施工方法等方面做出更加合理的决策。例如,根据实时监测到的桥梁受力情况,施工单位可以调整材料的配比和使用方式,提高桥梁结构的稳定性和耐久性。

三、智能化监控与检测系统的挑战

(一)技术更新与系统集成

尽管智能化监控与检测系统为道路桥梁施工带来了显著的效益和进步,其应用过程亦不可避免地面临着一系列挑战。随着科技的日新月异,新的监控与检测技术层出不穷,这为施工领域带来了无限的可能性,也要求相关人员必须紧跟技术潮流,不断更新和升级系统。如何确保系统能够迅速适应并融入这些新技术,成了一个亟待解决的问题。施工现场的复杂性和多样性也为智能化监控与检测系统的应用带来了不小的挑战。不同的施工现场可能需要不同的监控与检测手段,这就要求系统必须具备高度的灵活性和可定制性。如何将各种监控与检测系统进行有效集成,实现信息的共享和互通,是需要深入研究和探索的技术难题。此外,数据的安全性和隐私保护也是智能化监控与检测系统应用中不可忽视的问题。随着系统收集的数据量不断增加,如何确保数据的安全存储和合法使用,防止数据泄露和滥用,成了需要引起高度重视的问题。

(二)数据安全与隐私保护

数据安全与隐私保护在智能化监控与检测系统中占据着举足轻重的地位。这类系统涉及大量施工数据和敏感信息,使数据的安全与隐私成为核心问题。在数字化时代,数据的价值日益突显,但与之相伴的,是数据安全风险的增加。智能化监控与检测系统所收集的数据,包括桥梁结构的详细参数、施工过程中的实时变化,甚至涉及施工单位的商业机密。这些信息的泄露,不仅可能导致施工单位的经济损失,还可能对桥梁的安全和稳定构成威胁。同时,网络攻击和数据泄露事件的频发,使系统的安全防护能力成为重中之重。黑客可能利用系统的漏洞,窃取或篡改数据,甚至对系统实施破坏。这不仅会干扰正常的施工进程,还可能对桥梁的施工质量造成严重影响。

（三）人员培训与操作规范

智能化监控与检测系统的复杂性和专业性对施工人员的操作水平和技术知识提出了较高的要求。大多数施工人员可能并不熟悉这些先进的系统，因此在系统投入使用前，对其进行有效的培训尤为关键。培训的内容应涵盖系统的基本原理、操作方法、日常维护等方面，确保施工人员能够全面了解并熟练掌握系统的各项功能。此外，培训还应注重实际操作，通过模拟施工场景，施工人员可以在实践中提升操作水平，加深对系统的理解。除了培训，制定完善的操作规范和安全制度也是确保系统正常运行和发挥最大效益的重要保障。操作规范应详细规定系统的使用流程、注意事项、异常处理等方面，确保施工人员在操作过程中有章可循，避免操作不当导致的系统故障或安全事故。同时，安全制度应明确系统的安全管理责任、安全监测措施、应急处理机制等，为系统的安全运行提供有力保障。

（四）成本投入与经济效益

成本投入与经济效益是智能化监控与检测系统应用中不可忽视的一环。尽管这类系统能显著提升施工效率和质量，但其所需的成本投入同样显著。如何在确保系统性能的同时，实现成本的有效控制和经济效益的最大化，是亟待解决的问题。要平衡成本投入与经济效益，一方面需要从系统的设计和制造环节入手，通过技术创新和工艺优化来降低成本。例如，可以采用更经济实用的材料，优化系统结构，减少不必要的功能模块，从而降低制造成本。另一方面，在施工过程中，可以通过合理安排施工进度，减少人力和物力的浪费，提高资源利用效率，进一步降低成本。此外，在选择监控与检测系统时,必须充分考虑项目的实际情况和需求。不同的项目有不同的施工环境和要求,因此需要选择适合的监控与检测系统。如果盲目追求高性能的系统而忽视了项目的实际需求,不仅会造成资源的浪费,还可能影响施工的正常进行。

第三节 智能化与自动化技术对施工安全管理的提升

一、智能化与自动化技术在施工安全管理中的挑战

(一)技术实施与集成难度

智能化与自动化技术的实施,无疑为施工安全管理带来了前所未有的机遇,但同时也伴随着一系列技术集成与协同工作的挑战。施工现场是复杂且多变的环境,通常涉及多种设备、系统和软件的交互运行。这些设备可能包括智能机械、传感器、监控摄像头等,而系统则涵盖了数据收集、处理、分析等多个环节。要实现这些技术和系统的有效融合,就必须解决不同系统之间的兼容性问题。由于不同厂商、不同型号的设备往往拥有各自的数据接口和通信协议,要实现数据的顺畅流通和信息的共享,就需要进行大量的技术调试和接口适配工作。这不仅要求技术人员具备深厚的专业知识,还需要对施工现场的实际情况有深入的了解。数据共享问题同样不容忽视。在智能化与自动化的施工安全管理中,数据是核心。然而,由于数据格式、存储方式、访问权限等方面的差异,不同系统之间的数据共享往往面临着诸多障碍。要打破这些障碍,就需要建立统一的数据管理平台,制定明确的数据交换标准,

并确保数据的安全性和隐私性。技术实施的难度不容小觑。智能化与自动化技术的引入,不仅需要对现有设备和系统进行升级改造,还需要对新的技术和系统进行深入的学习和研究。这需要专业的技术人员进行设计和调试,确保整个系统的稳定性和可靠性。在这个过程中,技术人员还需要与施工人员密切合作,根据实际情况对系统进行持续的优化和改进。

(二)数据安全和隐私保护

智能化与自动化技术作为现代施工的基石,依赖于海量的数据收集、传输和处理。然而,这些数据包罗万象,其中不乏敏感信息,如员工的具体位置、设备的实时运行状态等。这些信息一旦泄露或被不当使用,将可能带来严重的后果,因此数据安全和隐私保护显得尤为关键。数据安全不仅仅是技术问题,更是对施工管理的严峻考验。在数据传输过程中,应使用先进的加密技术,确保数据在传输过程中不被截获或篡改。同时,对于存储的数据,也应采用加密措施,防止数据被非法访问。除此之外,定期的安全审计和漏洞扫描也是必不可少的,这能够及时发现潜在的安全风险,并采取相应的措施加以防范。隐私保护同样不容忽视。在收集数据时,应明确告知员工和相关方数据的收集目的和使用范围,并获取施工人员的明确同意。同时,对于不再需要的数据,应及时进行删除或匿名化处理,防止数据被滥用。此外,对于数据的访问和使用,应建立严格的权限管理制度,确保只有经过授权的人员才能访问敏感数据。

(三)技术更新与人员培训

随着技术的日新月异,智能化与自动化技术持续革新,为施工行业带来了革命性的改变。施工企业为了保持竞争力,必须密切关注并紧跟这些技术的新动态。这意味着,不仅需要及时了解并评估新兴技术的潜在价值,还需在合适的时机对现有技术系统进行升级和优化,以确保施工现场的效率和安全性得到持续提升。然而,技术的快速更新迭代也为企业带来了不小的挑战。新的智能化与自动化技术往往伴随着更为复杂的操作界面和更高的使用要求,这就要求施工人员必须掌握新的操作技能和知识。传统的施工经验和技能已不能完全满足新的技术需求,因此,施工企业必须将人员培训作为一项重要任务来对待。人员培训不仅是技术更新的必然要求,也是保障施工安全的关键环节。通过系统的培训,施工人员能够熟悉并掌握新设备的操作方法、新系统的使用流程,以及新技术的应用场景。这将有助于减少操作不当或误用技术而导致的安全事故,提升整个施工过程的稳定性和可靠性。

(四)法规与标准制定滞后

智能化与自动化技术在施工安全管理中的应用日益广泛,然而,其法规与标准的制定却相对滞后,这无疑为企业的实际应用带来了挑战。目前,尽管这些技术带来了显著的效益,但由于缺乏明确的法规和标准指导,企业在运用过程中可能面临合规性风险。法规与标准的缺失,使企业在应用智能化与自动化技术时难以找到明确的操作规范。这不仅可能导致施工过程中的安全隐患,还可能影响企业的正常运营。同时,由于缺乏统一的标准,不同企业之间的技术应用可能存在差异,使行业内的协作与沟通变得更为复杂。为了应对这一问题,加强与相关部门的沟通和合作显得尤为重要。企业需要积极向政府部门反映自身在应用智能化与自动化技术过程中遇到的困难和问题,推动相关部门加强对这一领域的关注和研究。同时,企业还可以积极参与相关法规和标准的制定过程,提出自己的意见和建议,为行业的健康发展贡献力量。此外,企业还可以加强自身的技术研发和创新能力,通过不断的技术升级和改进,提高施工安全管理水平。同时,加强员工培训和教育,提高员工对智能化与自动化技术的认识和掌握程度,也是降低合规性风险的有效途径。

(五)投资成本与经济效益权衡

智能化与自动化技术的实施是一项复杂的工程,它涉及多个方面的资金投入,包括但不限于硬件设备的采购、软件系统的开发、长期的维护及必要的人员培训等费用。这些投资不仅是技术实施的基础,也是确保技术能够持续稳定运行的关键。企业在考虑引入智能化与自动化技术时,必须仔细权衡投资成本与预期的经济效益。如果投资成本过高,而实际带来的经济效益并不显著,那么企业可能会面临严重的投资风险,甚至可能影响到企业的整体运营和财务状况。因此,在施工安全管理中引入智能化与自动化技术时,进行充分的经济分析和评估是至关重要的。企业需要对技术的实施成本、预期效益及回报周期进行深入的调研和计算,确保投资回报的合理性。同时,企业还需要考虑技术的长期效益,包括提升施工效率、降低安全事故发生率、减少人力成本等方面的潜在收益。此外,企业还可以考虑与其他企业或机构合作,共同承担技术实施的成本和风险。通过合作,企业可以共享资源、分摊成本,并共同推动智能化与自动化技术在施工安全管理中的应用和发展。

二、智能化与自动化技术对施工安全管理的影响

(一)提高监控效率与准确性

智能化与自动化技术对于施工现场的监控效率与准确性提升具有显著作用。传统的施工现场监控方式往往依赖于人工巡检,这种方式不仅效率低下,而且容易受到人为因素的影响,存在监控盲区。而智能监控系统的引入,则彻底改变了这一局面。智能监控系统通过集成高清摄像头、传感器等先进设备,能够实现对施工现场的全面实时监控。无论是高空作业、深基坑施工还是狭小空间的作业,智能监控系统都能捕捉到每一个细节,确保施工安全管理无死角。此外,智能监控系统还能通过图像识别、目标跟踪等技术,自动识别施工现场的异常情况,如人员违规操作、设备故障等,并立即发出警报,提醒管理人员及时采取措施,有效避免事故的发生。与此同时,自动化技术的引入也进一步提高了监控数据的准确性。自动化的数据采集和传输,避免了人为因素导致的误差和遗漏,使监控数据更加真实可靠。管理人员可以依据这些准确的数据,对施工现场的安全状况进行精准分析,制定更为科学合理的安全管理措施。

(二)实时预警与快速响应

智能化与自动化技术为施工现场带来了革命性的变革,尤其是在实时预警与快速响应方面。借助先进的监控系统和数据分析技术,这些技术能够实现对施工现场的全方位、全天候的监控。通过对监控数据的实时分析,系统能够迅速捕捉异常信息,进而判断潜在的安全隐患。一旦系统识别出潜在风险,便会自动触发预警

机制。这种预警机制能够迅速将信息传达给管理人员,使其能够在第一时间了解施工现场的安全状况。管理人员在收到预警信息后,可以立即采取相应的应对措施,比如调整施工方案、加强安全防护措施或组织紧急救援等。这种实时预警与快速响应的机制,大幅缩短了安全隐患的发现和处理时间。在传统的施工管理中,往往需要依赖人工巡检来发现潜在的安全问题,这种方式不仅效率低下,而且容易受到人为因素的影响。而智能化与自动化技术则能够实现对施工现场的自动化、智能化监控,减少了人为因素的干扰,提高了预警的准确性和及时性。此外,实时预警与快速响应还有助于降低事故发生的概率。及时发现并处理潜在的安全隐患,可以有效预防事故的发生,保障施工人员的生命安全。同时,这也能够减少事故造成的经济损失和社会影响,为企业带来更好的经济效益和社会效益。

(三)优化资源配置与利用

智能化与自动化技术为施工现场的资源配置与利用带来了革命性的变革。传统上,施工现场的资源调配往往依赖于经验和人工判断,这种方式不仅效率低下,而且容易造成资源的浪费和闲置。然而,随着智能化与自动化技术的广泛应用,这一问题得到了有效解决。智能调度系统通过集成先进的算法和数据分析技术,能够实现对施工设备和人员的优化配置。系统可以根据施工进度、任务需求及资源状态等因素,自动计算并分配最合适的设备和人员,确保施工过程的顺利进行。同时,系统还能实时监测资源的使用情况,一旦发现资源浪费或闲置,便会立即进行调整,从而最大限度地提高资源利用效率。此外,自动化技术的引入也进一步推动了施工现场的现代化和智能化。引入自动化设备,如无人驾驶挖掘机、自动化浇筑设备等,可以大大减少对人工的依赖,降低人力成本。同时,自动化设备还能提高施工精度和效率,减少人为因素导致的误差和延误。

(四)提升安全教育培训效果

智能化与自动化技术为施工现场的安全教育培训开辟了新的途径,显著提升了培训效果。借助虚拟现实(VR)等先进技术,为施工人员打造一个模拟的安全教育培训环境。在这个虚拟环境中,施工人员能够身临其境地体验各种施工场景,学习并掌握安全知识和操作技能。这种培训方式相较于传统的课堂式教学有着诸多优势。首先,虚拟现实技术能够模拟出高度逼真的施工场景,使施工人员仿佛置身于真实的施工环境中。这样一来,施工人员能够更加直观地了解施工过程中的安全风险,增强安全意识。其次,通过模拟各种紧急情况,施工人员可以在虚拟场景中学习如何应对突发状况,提高应对能力。这种实践性的学习方式比单纯的理论教学更为有效,能够帮助施工人员更好地掌握安全操作技能。此外,虚拟现实培训还可以降低实际培训中的安全风险。在传统的培训中,为了让施工人员了解某些高风险的操作,往往需要在实际施工环境中进行演示。然而,这种方式存在着一定的安全隐患,一旦操作不当就可能引发事故。而虚拟现实培训则可以在不造成实际伤害的前提下,让施工人员体验高风险操作。

(五)强化安全管理与决策支持

智能化与自动化技术作为现代施工管理的两大支柱,对施工安全管理与决策起到了至关重要的作用。在大数据时代,智能化系统能够收集并分析海量的施工数据,从而揭示出施工安全管理中的深层规律和潜在趋势。这些基于数据的洞察为管理人员提供了宝贵的决策依据,使施工人员能够更科学、更精准地制定安全管理策略。具体而言,智能化系统通过大数据分析,能够识别出施工现场的潜在风险点和高危区域,进而提出针对性的安全防范措施。同时,系统还能对施工过程中的事故和异常事件进行回溯分析,找出事故发生的根本原因,防止类似问题再次发生。这种基于数据的决策方式,不仅提高了决策的科学性和准确性,还增强了决策的可操作性和实效性。此外,智能化系统还能够根据实时数据对施工方案进行动态调整。在施工过程中,各种因素的变化可能导致原有方案不再适用,这时智能化系统便能根据实时反馈的数据,自动优化或调整施工方案,确保施工过程的安全性和高效性。这种动态调整的能力,使施工管理更加灵活和高效,能够适应各种复杂多变的施工环境。

(六)推动施工安全管理的创新发展

智能化与自动化技术的广泛应用,正深刻推动着施工安全管理领域的创新发展。随着科技的不断进步,这些先进的技术手段被逐渐引入施工安全管理中,运用新设备、新技术,施工安全管理的流程得到了持续的改善和优化。智能化与自动化技术为施工安全管理带来了前所未有的变革。其不仅提高了施工现场的安全监控能力,实现了对潜在安全隐患的实时预警与快速响应,还通过模拟培训等方式,显著提升了施工人员的安全意识和操作技能。这些技术的应用,极大地提升了施工安全管理的效率和准确性,使施工过程中的安全风险得到了更为有效的控制。同时,智能化与自动化技术也为施工安全管理的未来发展提供了无限可能。随着技术的不断创新和升级,人们可以预见,未来的施工安全管理将更加智能化、自动化。例如,通过引入更先进的传感器和数据分析技术,人们可以实现对施工现场的全方位、全天候监控,进一步提高预警的准确性和及时性。此外,随着人工智能技术的发展,人们还可以通过机器学习等技术手段,对施工安全管理数据进行深度挖掘和分析,为安全管理决策提供更加科学、合理的依据。

参 考 文 献

[1]庄桂霞.道路桥梁工程现场施工管理难点和应对策略分析[J].运输经理世界,2024,(01):74-76.

[2]郭洪炎.工程监理在道路桥梁施工中的重要性探究[J].居业,2023,(12):164-166.

[3]黄先超.绿色施工技术在道路桥梁建设中的应用[J].中国高新科技,2023,(23):137-139.

[4]岳靖.HD道路桥梁建设项目质量管理研究[D].河北地质大学,2024.

[5]翟峰,王峰,李杭岳.公路桥梁建设中高墩爬模施工技术分析[J].交通节能与环保,2023,19(S1):122-124.

[6]沈伟.道路桥梁施工建设管理要点分析[J].工程建设与设计,2023,(17):245-247.

[7]施顺成.一体化安全作业平台在道路桥梁工程建设中的应用分析[J].交通科技与管理,2023,4(17):153-155.

[8]韩祥波,云飞,唐甜甜.道路桥梁施工与加固技术研究[J].运输经理世界,2023,(20):120-122.

[9]王君红.道路桥梁建设中的沥青混合料摊铺施工技术[J].四川建材,2023,49(07):102-104.

[10]卞卫卫.预制装配式桥梁在城市道路中的应用[J].居业,2023,(06):1-3.

[11]刘永智.道路与桥梁施工建设管理的技术要点分析[J].有色金属设计,2023,50(02):64-67.

[12]邱奇鹏.市政道路桥梁工程的建设管理分析[J].运输经理世界,2023,(16):67-69.

[13]曲衍杰.道路桥梁的施工建设与加固技术研究[J].运输经理世界,2023,(15):118-120.

[14]席建宇.道路桥梁工程建设中的沉降段路基路面施工工艺[J].建筑安全,2023,38(05):85-88.

[15]张长伟,张少波.道路桥梁施工中混凝土裂缝的成因及应对分析[C]//中国智慧城市经济专家委员会.2023年智慧城市建设论坛深圳分论坛论文集.老河口市公路建设有限责任公司;2023:2.

[16]董文君.基于建养一体的高速公路桥梁安全风险演变机理研究[D].上海应用技术大学,2023.

[17]贺绍华,禹智涛,孙晓龙,等.省级一流本科专业建设背景下的教学改革实践——以道路桥梁与渡河工程专业为例[J].大学教育,2023,(07):24-26.

[18]侯明研.道路桥梁隧道工程施工技术与安全管控分析[J].运输经理世界,2023,(08):111-113.

[19]刘际源.道路桥梁建设中混凝土裂缝控制研究[J].工程建设与设计,2023,(05):230-232.

[20]疏丽君.农村道路桥梁工程质量技术与管理措施解析[J].工程建设与设计,2022,(19):273-275.

[21]程鹏.道路与桥梁施工建设管理的技术要点分析[J].运输经理世界,2022,(27):49-51.

[22]李柠,赵树新.道路与桥梁施工建设管理的技术要点分析

[J].建筑与预算,2022,(08):73-75.

[23]刘亚峰,董玥.道路与桥梁施工建设管理的技术要点分析 [J].运输经理世界,2022,(22):65-67.

[24]葛巍.道路桥梁工程施工管理中的问题与优化对策[J].四川 建材,2022,48(07):94-95+97.

[25]刘金波.道路桥梁建设施工现场管理探讨[J].黑龙江科学, 2021,12(20):130-131.